mathematik-abc für das Lehramt

Peter Kirsche

Einführung in die Abbildungsgeometrie

mathematik-abc für das Lehramt

Herausgegeben von

Prof. Dr. Stefan Deschauer, Dresden
Prof. Dr. Klaus Menzel, Schwäbisch Gmünd
Prof. Dr. Kurt Peter Müller, Karlsruhe

Die Mathematik-**ABC**-Reihe besteht aus thematisch in sich abgeschlossenen Einzelbänden zu den drei Schwerpunkten:

Algebra und Analysis
Bilder und Geometrie
Computer und Anwendungen.

In diesen drei Bereichen werden Standardthemen der mathematischen Grundbildung gut verständlich behandelt, wobei Zielsetzung, Methoden und Schulbezug des behandelten Themas im Vordergrund der Darstellung stehen.

Die einzelnen Bände sind nach einem „Zwei-Seiten-Konzept" aufgebaut:

Der fachliche Inhalt wird fortlaufend auf den linken Seiten dargestellt, auf den gegenüberliegenden rechten Seiten finden sich im Sinne des „learning by doing" jeweils zugehörige Beispiele, Aufgaben, stoffliche Ergänzungen und Ausblicke.

Die Beschränkung auf die wesentlichen fachlichen Inhalte und die Erläuterungen anhand von Beispielen und Aufgaben erleichtern es dem Leser, sich auch im Selbststudium neue Inhalte anzueignen oder sich zur Prüfungsvorbereitung konzentriert mit dem notwendigen Rüstzeug zu versehen. Aufgrund ihrer Schulrelevanz eignet sich die Reihe auch zur Lehrerweiterbildung.

Peter Kirsche

Einführung in die Abbildungsgeometrie

Kongruenzabbildungen, Ähnlichkeiten und Affinitäten

2., überarbeitete und erweiterte Auflage

Teubner

Bibliografische Information der Deutschen Bibliothek
Die Deutsche Bibliothek verzeichnet diese Publikation in der Deutschen Nationalbibliografie;
detaillierte bibliografische Daten sind im Internet über <http://dnb.ddb.de> abrufbar.

Priv.-Doz. Dr. Peter Kirsche
Geboren 1941 in Zittau. Studium an der Universität Freiburg. Promotion 1972 an der Mathematischen
Fakultät der Universität Freiburg, Habilitation 1991 an der Mathematisch-Naturwissenschaftlichen
Fakultät der Universität Augsburg. Seit 1974 tätig in der Lehramtsausbildung Mathematik an der Universität Augsburg. Arbeitsgebiet: Didaktik der Mathematik.
kirsche@math.uni-augsburg.de

1. Auflage 1998
2., überarbeitete und erweiterte Auflage Juni 2006

Alle Rechte vorbehalten
© B. G. Teubner Verlag / GWV Fachverlage GmbH, Wiesbaden 2006

Lektorat: Ulrich Sandten / Kerstin Hoffmann

Der B. G. Teubner Verlag ist ein Unternehmen von Springer Science+Business Media.
www.teubner.de

Umschlaggestaltung: Ulrike Weigel, www.CorporateDesignGroup.de

Gedruckt auf säurefreiem und chlorfrei gebleichtem Papier.

ISBN-10 3-519-10232-3
ISBN-13 978-3-519-10232-8

Vorwort

Dieses Buch ist eine Einführung in die Abbildungsgeometrie. Der Begriff „Abbildungsgeometrie" wird unterschiedlich interpretiert. Wir verstehen darunter grob gesprochen eine Methode, mit Hilfe von Abbildungen und deren Eigenschaften Geometrie zu betreiben. Nachdem A. F. MÖBIUS (1790 - 1868) in der ersten Hälfte des 19. Jahrhunderts den Abbildungsbegriff geschaffen hatte, erkannte man sehr bald, dass sich die Aussagen der Elementargeometrie mit Hilfe von Abbildungen gewinnen und in einfacher Weise ordnen lassen. Diese Idee wurde im wesentlichen von F. KLEIN (1849 - 1925) in der zweiten Hälfte des 19. Jahrhunderts ausgearbeitet. Seit dieser Zeit gibt es auch Bestrebungen, im Geometrieunterricht die von EUKLID geprägte kongruenzgeometrische Methode durch die abbildungsgeometrische Methode zu ersetzen.

Den wesentlichen Unterschied beider Methoden kann man an einem einfachen Beispiel aufzeigen. Es soll nachgewiesen werden, dass ein gleichschenkliges Dreieck gleich große Basiswinkel hat. Die Beweise mit Hilfe der beiden Methoden verlaufen grob skizziert folgendermaßen. Nach der kongruenzgeometrischen Methode zerlegt man das Dreieck durch die Seitenhalbierende der Basis in zwei Teildreiecke, weist mittels eines Kongruenzsatzes deren Kongruenz nach und schließt dann auf gleich große Basiswinkel. Nach der abbildungsgeometrischen Methode spiegelt man das Dreieck an der Winkelhalbierenden der gleich langen Seiten und weist nach, dass dabei die Basiswinkel aufeinander abgebildet werden. Aus den Eigenschaften der Achsenspiegelung folgt dann, dass die Basiswinkel gleich groß sind.

Die abbildungsgeometrische Methode hat aus fachdidaktischer Sicht gegenüber der kongruenzgeometrischen Methode beispielsweise den Vorteil, dass sich Abbildungen durch kinematische Bewegungen konkretisieren lassen. Im Falle des obigen Beispiels kann man aus Papier ein gleichschenkliges Dreieck ausschneiden und durch Falten die Deckungsgleichheit der Basiswinkel prüfen. Daher sprach man in der Anfangsphase dieser Entwicklung auch von Bewegungsgeometrie an Stelle von Abbildungsgeometrie. Die abbildungsgeometrische Methode erfüllte allerdings nicht alle Erwartungen, die man in sie gesetzt hatte. Im heutigen Geometrieunterricht bedient man sich daher beider Methoden. In der Lehrerausbildung ist die Situation etwas anders. Hier geht es sowohl um fachdidaktische als auch um fachliche Probleme. Auch aus dieser Sicht bietet die Abbildungsgeometrie Vorteile. Beispielsweise kann man mit Hilfe von Abbildungsgruppen die Aussagen der Elementargeometrie in übersichtlicher Weise ordnen. Weiterhin können zentrale Begriffe wie „Symmetrie" wesentlich allgemeiner gefasst und einer algebraischen Behandlung zugänglich gemacht werden. Auch in diesem Zusammenhang darf aber nicht übersehen werden, dass es Situationen gibt, in denen die kongruenzgeometrische Methode vorteilhafter ist. Insgesamt sollte man beide Methoden nicht als Alternativen ansehen, sie sind komplementär. Aus Gründen, die im folgenden deutlich werden, legen wir den Schwerpunkt auf die abbildungsgeometrische Methode.

Das Buch gliedert sich im wesentlichen in vier Kapitel. Im ersten Kapitel werden geometrische Begriffe und Beziehungen zwischen diesen Begriffen zusammengestellt. Dabei handelt es sich zumeist um Grundkenntnisse, die aus dem Geometrieunterricht der Sekundarstufe bekannt sein sollten. Zudem werden weitere Begriffe und Verfahren auf anschaulicher Grundlage eingeführt. In diesem wie auch in weiteren Zusammenhängen spielen Relationen eine Rolle. Bezüglich dieses mathematischen Hintergrundes sei auf das Buch von LEHMANN / SCHULZ : Mengen - Relationen - Funktionen verwiesen. Das zweite Kapitel ist den Kongruenzabbildungen gewidmet. Es geht dabei um Achsenspiegelungen, Verschiebungen, Drehungen und deren Eigenschaften. Das Verketten dieser Abbildungen führt zu Gruppen von Abbildungen und deren Untergruppen. Diese algebraischen Grundlagen findet man bei GÖTHNER : Elemente der Algebra. Mit Hilfe der Kongruenzabbildungen werden die Kongruenzsätze für Dreiecke gewonnen. Damit steht insgesamt eine breite Argumentationsbasis zur Ableitung von Eigenschaften geometrischer Figuren bereit. Im dritten Kapitel werden die zentrischen Streckungen eingeführt. Durch das Verketten von Kongruenzabbildungen und zentrischen Streckungen erhalten wir die Ähnlichkeitsabbildungen. Mit deren Hilfe werden die Strahlensätze und die Ähnlichkeitssätze für Dreiecke gewonnen. Diese Grundlagen ermöglichen die Herleitung weiterer geometrischer Aussagen. Im Unterschied zu anderen Darstellungen dieses Themas wird auch der Diagonalensatz des PTOLEMAIOS behandelt. Er gestattet eine ganze Reihe überraschender Anwendungen in der Elementargeometrie und in der Trigonometrie. Das vierte und letzte Kapitel ist den affinen Abbildungen gewidmet. Man erhält diese, indem man zu den Ähnlichkeitsabbildungen die Achsenaffinitäten hinzunimmt.

Die Darstellung dieser Themen erfolgt bis auf wenige Ausnahmen nach dem Zwei - Seiten - Konzept. Auf den jeweils linken Buchseiten werden die grundlegenden geometrischen Inhalte entwickelt. Dabei werden alle wesentlichen Gedankengänge durch Skizzen veranschaulicht und verdeutlicht. Die rechten Buchseiten enthalten Ergänzungen zu diesen Inhalten. Neue Begriffe werden kommentiert. An Hand von zusätzlichen Beispielen werden Beweisverfahren erläutert. Zudem enthalten diese Seiten zahlreiche Übungen zur Durcharbeitung des neuen Stoffes. Es wird dringend empfohlen, die Übungen zu bearbeiten. Die Aufgaben weisen unterschiedlichen Schwierigkeitsgrad auf. Sie umfassen einfache Konstruktionen mit Hilfe von Zeichengeräten, die beispielsweise das Abbilden von Figuren betreffen, aber auch Beweise von Aussagen, die formale Schlussweisen erfordern. Am Ende des Buches finden sich Lösungshinweise zu ausgewählten Aufgaben.

Die neue Auflage bietet aus inhaltlicher Sicht eine ausführlichere Behandlung der Affinitätsabbildungen. Schließlich möchte ich auch all den Kollegen danken, die mit ihren konstruktiven Anregungen zu einer verständlicheren Darstellung des Stoffes beigetragen haben.

Friedberg, März 2006   Peter Kirsche

Inhalt

1 Geometrische Grundbegriffe

1.1 Punkte und Geraden in der Ebene

Punkte und Geraden

Die Ebene wird als Menge von Punkten aufgefaßt. Wir bezeichnen die Ebene durch ε und die Punkte durch Großbuchstaben A, B, C ... . Geraden sind Teilmengen der Ebene, welche durch Kleinbuchstaben g, h, k ... bezeichnet werden. Zwischen Punkten und Geraden bestehen Beziehungen. Beispielsweise geht durch zwei verschiedene Punkte A und B stets genau eine Gerade, die wir AB nennen.

Hier liegt die grundsätzliche Frage nahe, ob Begriffe wie Ebene, Punkt und Gerade definiert und ob die Beziehung zwischen Punkten und Geraden bewiesen werden können. Solche Ansätze findet man beispielsweise bei EUKLID (um 300 v.Chr.). Er definiert in seinen "Elementen":

„1. Ein Punkt ist, was keine Teile hat.
 2. Eine Linie breitenlose Länge.
 3. Die Enden einer Linie sind Punkte.
 4. Eine gerade Linie (Strecke) ist eine solche, die zu den Punkten auf ihr gleichmäßig liegt." ♦

Bei genauer Betrachtung enthalten solche Erklärungen stets neue undefinierte Begriffe wie „was keine Teile hat", „breitenlose Länge" usw. Es ist offenbar unmöglich, alle Begriffe zu definieren. Gewisse Grundbegriffe müssen beim Aufbau der Geometrie undefiniert bleiben. EUKLID macht übrigens an keiner Stelle Gebrauch von diesen Definitionen.

Ähnlich steht es um die Beziehungen zwischen den Grundbegriffen. EUKLID postuliert:

„Gefordert soll sein:
1. Daß man von jedem Punkt nach jedem Punkt die Strecke ziehen kann.
2. Daß man eine begrenzte gerade Linie zusammenhängend gerade verlängern kann." ♦

Auch solche Aussagen müssen unbewiesen zu Grunde gelegt werden, um daraus weitere abzuleiten. Ein vollständig axiomatischer Aufbau der Euklidischen Geometrie wurde erstmals 1899 von HILBERT vorgestellt. Er beginnt mit folgender

„Erklärung. Wir denken drei verschiedene Systeme von Dingen: die Dinge des ersten Systems nennen wir Punkte und bezeichnen sie mit A, B, C, ...; die Dinge des zweiten Systems nennen wir Geraden und bezeichnen sie mit a, b, c, ...; die Dinge des dritten Systems nennen wir Ebenen und bezeichnen sie mit α, β, γ, ...

Wir denken die Punkte, Geraden, Ebenen in gewissen gegenseitigen Beziehungen ...; die genaue und für mathematische Zwecke vollständige Beschreibung dieser Beziehungen erfolgt durch die Axiome der Geometrie." ♦ ♦

♦ EUKLID: Die Elemente, S. 1, 2,
♦♦ HILBERT, D. (1987): Grundlagen der Geometrie, S. 2.

Die Aufstellung dieser Axiome läuft nach HILBERT auf die logische Analyse unserer räumlichen Anschauung hinaus. Für unsere Zwecke reicht es aus, Punkte, Geraden usw. sowie deren wechselseitige Beziehungen als Vorstellungen aufzufassen, die mit Hilfe von Zeichengeräten angenähert veranschaulicht werden können. Zudem werden wir uns auf die ebene Geometrie beschränken.

Parallelität

Bezüglich der Lage zweier Geraden g und h sind drei Fälle zu unterscheiden (Fig. 1.1):

- g und h fallen zusammen,
- g und h haben keinen Punkt gemeinsam,
- g und h schneiden sich in genau einem Punkt P.

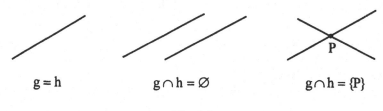

Fig. 1.1

Der erste und der zweite Fall führen auf die Relation „... ist parallel zu ..." auf der Menge der Geraden.

- Zwei Geraden sind genau dann **zueinander parallel**, wenn sie entweder zusammenfallen oder keinen Punkt gemeinsam haben.

Die Ausdrucksweise „ zueinander parallel " betont, dass es sich um eine Beziehung zwischen zwei Geraden handelt, ist aber umgangssprachlich nicht üblich. Wir werden daher auch von parallelen Geraden sprechen.

Anschaulich scheint unmittelbar klar, dass man durch einen Punkt P außerhalb einer Geraden g genau eine Parallele zeichnen kann. Diese Aussage, das sogenannte **Parallelenaxiom**, beschäftigte die Mathematiker seit EUKLID. Die Frage, ob es aus anderen Aussagen ableitbar sei oder nicht, erwies sich als unerwartet schwierig. Die Lösung gelang schließlich in der ersten Hälfte des 19. Jahrhunderts mit der Entdeckung der nichteuklidischen Geometrien. Wir halten, ohne auf dieses Problem weiter einzugehen, fest:

- Zu einer Geraden g und einem Punkt P außerhalb g gibt es genau eine Parallele durch P.

Die Parallelität der Geraden g und h wird durch g ∥ h bezeichnet. Diese Relation ist auf der Menge der Geraden eine Äquivalenzrelation, d.h., sie ist reflexiv, symmetrisch und transitiv. Äquivalenzrelationen teilen bekanntlich die zu Grunde liegende Menge in Klassen ein, deren Elemente im Sinne der Relation paarweise äquivalent sind. Da Äquivalenzrelationen auch in anderen Zusammenhängen vorkommen werden, erläutern wir deren Eigenschaften an diesem Beispiel ausführlich.

Beispiel 1.1: Die **Reflexivität** der Relation, d.h. die Parallelität jeder Geraden zu sich selbst, folgt unmittelbar aus der Erklärung der Parallelität. Ist g ∥ h, so ist entweder g = h oder g ∩ h = ∅. Daraus folgt entweder h = g oder h ∩ g = ∅, d.h. h ∥ g und damit die **Symmetrie** der Relation. Die **Transitivität** weisen wir für den Fall von drei paarweise verschiedenen Geraden g, h und k nach. Die Fälle, in denen Geraden zusammenfallen, überlassen wir dem Leser. Es sei also g ∥ h und h ∥ k. Zu zeigen ist g ∥ k. Wir gehen indirekt vor und nehmen an, dass g nicht parallel zu k sei. Dann schneiden sich g und k in einem Punkt P, der nach Voraussetzung nicht auf h liegt. Da g und k parallel zu h sind, sind g und k zwei verschiedene Parallelen zu h durch P. Dies widerspricht dem Parallelenaxiom.

Die Menge aller Geraden zerfällt demnach in Klassen paralleler Geraden. Unter einer **Richtung** in der Ebene versteht man eine solche Klasse von Parallelen.

Übung 1.1: Welche Fälle können in Analogie zu Fig. 1.1 bezüglich der gegenseitigen Lage von drei Geraden auftreten? (6 Fälle)

Die gegenseitige Lage von Punkten und Geraden bietet Gelegenheit zu kombinatorischen Überlegungen folgender Art.

Beispiel 1.2: Durch zwei Punkte geht genau eine Gerade. Durch einen dritten Punkt, der nicht auf dieser Geraden liegt, und durch die beiden Punkte kann man zwei weitere Geraden legen. Wir nehmen einen vierten Punkt so hinzu, dass keine drei Punkte auf einer Geraden liegen. Dann kommen drei weitere Verbindungsgeraden hinzu (Fig. 1.2).

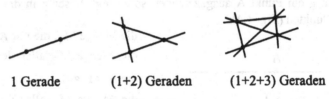

1 Gerade   (1+2) Geraden   (1+2+3) Geraden

Fig. 1.2

Durch n Punkte (n > 1), von denen keine drei auf einer Geraden liegen, gehen (1+2+...+(n−1)) Geraden. Nach der bekannten Summenformel sind dies also (1/2)·n·(n−1) Geraden.

Übung 1.2: Zwei verschiedene Geraden haben höchstens einen Schnittpunkt, drei höchstens drei Schnittpunkte, vier höchstens sechs Schnittpunkte (Fig. 1.3).

Fig. 1.3

Zeigen Sie, dass n Geraden (n > 1), von denen keine drei durch einen Punkt gehen, (1/2)·n·(n−1) Schnittpunkte haben.

1.2   Halbgeraden, Strecken und Halbebenen

Die Aussage, dass die Punkte A, B, C, ... auf einer Geraden g liegen, ist gelegentlich zu ungenau. Es kommt mitunter darauf an, wie sie zueinander liegen. Dies beschreibt man umgangssprachlich z.B. durch „B liegt rechts von A.", „C liegt zwischen A und B." usw. Die erste Aussage ist nicht sinnvoll, weil sie vom Ort des Betrachters abhängt. Bei der zweiten ist das nicht der Fall. Um diese Situation präzise zu beschreiben, führt man eine Anordnung, genannt „... liegt vor ...", auf der Menge der Punkte einer Geraden ein. A liegt vor B wird durch $A \prec B$ bezeichnet. Diese Relation hat folgende Eigenschaften:

-        Aus $(A \prec B)$ folgt (nicht $B \prec A$).   Asymmetrie

-        Aus $(A \prec B)$ und $(B \prec C)$ folgt $(A \prec C)$.   Transitivität

Für zwei Punkte A und B einer Geraden gilt also genau einer der drei Fälle $A \prec B$ oder $A = B$ oder $B \prec A$. Mit Hilfe der Anordnung kann erklärt werden, wann ein Punkt einer Geraden g zwischen zwei anderen liegt. Gilt für drei Punkte A, B und C von g sowohl $A \prec B$ als auch $B \prec C$, so schreibt man dafür kurz $A \prec B \prec C$.

●   Sind A, B und C drei Punkte einer Geraden, so liegt B genau dann **zwischen** A und C, wenn entweder $A \prec B \prec C$ oder $C \prec B \prec A$ gilt.

Halbgeraden

Für das Folgende nehmen wir an, dass alle Geraden angeordnet werden können. Ist auf einer Geraden g ein Punkt A ausgezeichnet, so zerlegt dieser g in drei disjunkte Teilmengen von Punkten (Fig. 1.4):

Fig. 1.4

-   die Menge M_1, die nur A enthält,
-   die Menge M_2 aller der Punkte B, für die $A \prec B$ gilt,
-   die Menge M_3 aller der Punkte C, für die $C \prec A$ gilt.

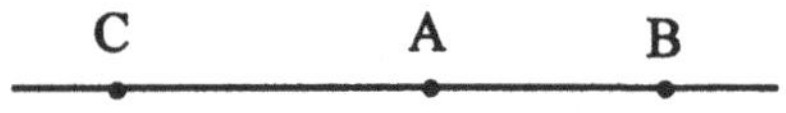

● M_2 und M_3 nennt man **Halbgeraden** von g bezüglich A. Nimmt man zu einer Halbgeraden den Punkt A hinzu, so erhält man eine Halbgerade mit Anfangspunkt A. Wir bezeichnen sie durch g_A. g nennt man die **Trägergerade** von g_A.

In Fig. 1.4 liegen die Punkte B und C auf verschiedenen Seiten von g bezüglich A.

Strecken

In der Ebene sei eine Gerade g durch zwei verschiedene Punkte A und B gegeben.

●   Unter der **Strecke** $\overline{AB}$ versteht man die Menge der Punkte, die aus A, B und allen Punkten von g zwischen A und B besteht. A und B heißen **Endpunkte** der Strecke, die Punkte zwischen ihnen **innere Punkte** der Strecke.

g ist Trägergerade der Strecke $\overline{AB}$. Zur Vereinfachung der Redeweise wird verabredet, dass zwei Strecken parallel heißen, wenn ihre Trägergeraden parallel sind. Fallen die Punkte A und B zusammen, so entartet die Strecke in einen Punkt, in eine **Nullstrecke**.

Streckenlänge

Im Unterschied zu Geraden und Halbgeraden kann man die Länge von Strecken messen. Beispielsweise betrage die Länge der Strecke $\overline{AB}$ 5,8 cm. Wir schreiben dafür $l(\overline{AB}) = 5,8$ cm. Diese Angabe besteht aus der Maßeinheit cm und der Maßzahl 5,8. Vom Alltag her ist dies so geläufig, dass man sich kaum Gedanken darüber macht, worauf das Messen beruht. Im Rahmen eines systematischen Aufbaus der Geometrie ist es auf verschiedene Weisen möglich, das Messen von Längen und das Rechnen mit Längen zu begründen. Da keiner dieser Wege mit wenigen Worten beschrieben werden kann, beschränken wir uns auf die Mitteilung der Regeln für den Umgang mit Längen.

- Nach Festlegung einer Maßeinheit ME (mm, cm usw.) kann die Länge jeder Strecke $\overline{AB}$ in der Form $l(\overline{AB}) = r$ ME angegeben werden, wobei die Maßzahl r eine nicht negative reelle Zahl ist.

- Auf einer Geraden g sei ein Punkt A gegeben. Dann kann man auf jeder Seite von g bezüglich A genau eine Strecke $\overline{AB}$ gegebener Länge abtragen.

Werden alle Längen mit der gleichen Maßeinheit gemessen, so gilt:

- Zwei Strecken sind genau dann gleich lang, wenn die Maßzahlen ihrer Längen gleich sind.

- Die Strecke $\overline{AB}$ ist genau dann kürzer als die Strecke $\overline{CD}$, wenn die Maßzahl der Länge von $\overline{AB}$ kleiner ist als die von $\overline{CD}$.

- r sei eine nicht negative reelle Zahl. Die Länge von $\overline{AB}$ beträgt genau dann das r-fache der Länge von $\overline{CD}$, wenn das Entsprechende für die Maßzahlen gilt.

- A, B und C seien drei Punkte einer Geraden mit $A \prec B \prec C$. Dann ist $l(\overline{AC}) = l(\overline{AB}) + l(\overline{BC})$ und $l(\overline{BC}) = l(\overline{AC}) - l(\overline{AB})$. Liegt C nicht auf der Geraden AB, so ist $l(\overline{AB}) < l(\overline{AC}) + l(\overline{BC})$ (Dreiecksungleichung). Für die Maßzahlen der Längen gelten die entsprechenden Beziehungen.

Halbebenen

Jeder Punkt einer Geraden zerlegt diese in zwei Halbgeraden. Analoges gilt für jede Gerade g in der Ebene. Wir betrachten die Menge aller Punkte der Ebene ohne die Punkte von g, d.h. $\varepsilon \setminus g$. Zwei Punkte A und B dieser Menge sind genau dann **verbindbar**, wenn g die Strecke $\overline{AB}$ nicht schneidet. Jeder Punkt A sei mit sich verbindbar.

In Fig. 1.5 sind A und B verbindbar, A und C sind nicht verbindbar.

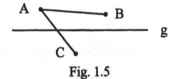

Fig. 1.5

Die Relation „... ist verbindbar mit ..." ist eine Äquivalenzrelation. Sie zerlegt die Menge $\varepsilon \setminus g$ in zwei Klassen verbindbarer Punkte. In Fig. 1.5 besteht die eine Klasse aus den mit A verbindbaren Punkten, die andere aus den mit C verbindbaren Punkten von $\varepsilon \setminus g$. Diese beiden Klassen nennen wir **Halbebenen** von ε bezüglich g.

1.3   Winkel

1.3.1   Winkeltypen

Der Begriff Winkel wird je nach Zusammenhang in der Geometrie unterschiedlich verwendet.

Winkel als ungeordnetes Paar von Halbgeraden

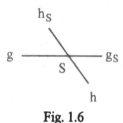

Fig. 1.6

g_S und h_S seien zwei Halbgeraden mit Anfangspunkt S (Fig. 1.6). Deren Trägergeraden g und h seien verschieden. g_S und h_S bilden zusammen mit S den **Winkel** $\angle\, g_S, h_S$ oder $\angle\, h_S, g_S$. Die beiden Halbgeraden heißen **Schenkel** des Winkels. S ist sein **Scheitel**.

Winkel mit Winkelfeld

Der Winkel $\angle\, g_S, h_S$ zerlegt die Menge der übrigen Punkte der Ebene in zwei disjunkte Gebiete, das Innere (Fig. 1.7) und das Äußere des Winkels (Fig. 1.8). Diese Gebiete nennt man **Winkelfelder** (s. Anmerkungen Fig. 1.11, S. 15).

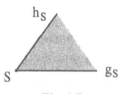

Fig. 1.7

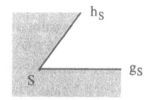

Fig. 1.8

Orientierte Winkel

Die vorigen Winkelbegriffe sind gelegentlich unzureichend. Beispielsweise ist eine Drehung durch Drehzentrum, Drehwinkel und Drehrichtung festgelegt. Für die Festlegung der Drehrichtung benötigt man **orientierte** Winkel. Ein Winkel $\angle\, g_S, h_S$ mit Winkelfeld kann auf zwei Arten orientiert werden.

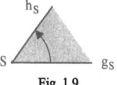

Fig. 1.9

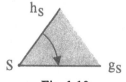

Fig. 1.10

Anschaulich gesprochen ist in Fig. 1.9 der Schenkel g_S um den Scheitel S entgegen dem Uhrzeigersinn zu drehen, damit er mit dem Schenkel h_S zusammenfällt. Solche Winkel sind **positiv orientiert**. In Fig. 1.10 ist h_S um S im Uhrzeigersinn zu drehen, um mit g_S zusammenzufallen. Solche Winkel sind **negativ orientiert**.

Winkelfelder

Die Zerlegung der Ebene ε ohne den Winkel $\angle\, g_S, h_S$ in zwei Winkelfelder erhält man wie folgt (Fig. 1.11). Die Trägergeraden g bzw. h zerlegen die Ebene jeweils in zwei Halbebenen H_{g_1} und H_{g_2} bzw. H_{h_1}

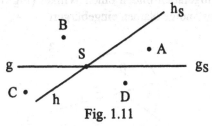

und H_{h_2}. H_{g_1} sei die Halbebene bezüglich g, die h_S enthält. H_{h_1} sei die Halbebene bezüglich h, die g_S enthält. Den Durchschnitt von H_{g_1} und H_{h_1} bezeichnet man als das **Innere** des Winkels $\angle\, g_S, h_S$. Der Punkte A

Fig. 1.11

gehört zum Inneren. Die Vereinigung von H_{g_2} und H_{h_2} bezeichnet man als das **Äußere** des Winkels $\angle\, g_S, h_S$. Die Punkte B, C und D gehören zum Äußeren.

Im Folgenden kommen nur Winkel mit Winkelfeld vor. Die Winkelfelder werden zur Vereinfachung durch Kreisbögen gekennzeichnet (Fig. 1.12, 1.13). Der Winkel in Fig. 1.12 wird auch durch α oder $\angle$ ASB bezeichnet.

Fig. 1.12   Fig. 1.13

Geht es um orientierte Winkel, so wird dies stets hervorgehoben. Bei solchen Winkeln werden die Bögen mit Pfeilspitzen versehen wie in Fig. 1.9.

Die Trägergeraden der Schenkel eines Winkels können auch zusammenfallen. Dann ergeben sich zwei Sonderfälle von Winkeln.

Übung 1.3: Erläutern Sie die Begriffe Nullwinkel und gestreckter Winkel. Kann man diesen Winkeln auch Winkelfelder zuordnen?

Zum Umgang mit Winkeln und Winkelgrößen

Die Größe eines Winkels kann man bekanntlich in Grad messen. Für diese Größe wird keine neue Bezeichnung eingeführt, da aus dem Zusammenhang stets klar ist, ob der Winkel oder dessen Größe gemeint ist. Wir nehmen an, dass die Begriffe spitzer Winkel, rechter Winkel, stumpfer Winkel usw. bekannt sind. Bezüglich des Messens und Vergleichens von Winkeln sowie des eindeutigen Abtragens eines Winkels gelten die entsprechenden Regeln, die im Abschnitt 1.2 für den Umgang mit Strecken verabredet wurden. Auch diese setzen wir als bekannt voraus.

Die Addition von Winkelgrößen wird je nach Sachzusammenhang unterschiedlich gehandhabt. Wir kommen auf dieses Problem an den entsprechenden Stellen zurück.

1.3.2 Winkel an sich schneidenden Geraden

Sind g und h zwei Geraden, die sich in einem Punkt schneiden, so zerlegt der Schnittpunkt jede Gerade in zwei Halbgeraden mit dem gleichen Anfangspunkt. Je zwei dieser Halbgeraden bilden einen Winkel (Fig. 1.14). Für spezielle Winkelpaare haben sich eigenständige Namen eingebürgert.

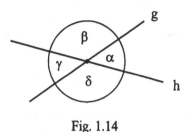

Fig. 1.14

α und β, β und γ usw. heißen **Nebenwinkel.** Nebenwinkel sind benachbart und liegen auf derselben Seite bezüglich einer der beiden Geraden g und h.

α und γ sowie β und δ nennt man **Scheitelwinkel.** Scheitelwinkel liegen auf verschiedenen Seiten bezüglich jeder der beiden Geraden g und h.

•   Nebenwinkel ergänzen sich zu 180°. Scheitelwinkel sind gleich groß.

Auch in dem Fall, dass zwei parallele Geraden g und h von einer dritten Geraden k in zwei Punkten geschnitten werden, sind Winkelpaare ausgezeichnet (Fig. 1.15).

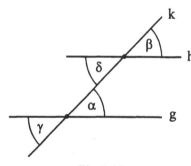

Fig. 1.15

α und β bzw. γ und δ sind **Stufenwinkel.** Stufenwinkel liegen auf derselben Seite bezüglich der Geraden k.

α und δ bzw. β und γ sind **Wechselwinkel.** Wechselwinkel liegen auf verschiedenen Seiten bezüglich der Geraden k.

•   Stufenwinkel bzw. Wechselwinkel an parallelen Geraden sind gleich groß.

Darüber hinaus besteht ein Zusammenhang, den wir als bekannt voraussetzen.

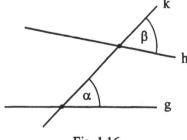

Fig. 1.16

Wenn in Fig. 1.16 die Winkel α und β gleich groß sind, dann sind die Geraden g und h parallel. Für die Parallelität von g und h gibt es weitere Kriterien (s. Übung 1.4, S. 17).

Diese Kennzeichnungen paralleler Geraden werden später beim Begründen von Aussagen über die Eigenschaften von Figuren eine wichtige Rolle spielen.

Übung 1.4: Zeichnen Sie eine Skizze wie in Fig. 1.16, benennen Sie die übrigen Winkel zwischen g, h und k und formulieren Sie weitere Bedingungen für die Parallelität der Geraden g und h.

Einige Aussagen über Geraden und Winkel lassen sich durch Falten von Papier konkretisieren. Bekanntlich sind zwei Geraden genau dann zueinander **senkrecht** oder **orthogonal**, wenn sie sich in einem rechten Winkel schneiden.

Übung 1.5: Übertragen Sie Fig. 1.17 auf ein Stück Transparentpapier. Falten Sie das Papier so, daß g auf h zu liegen kommt (zwei Möglichkeiten). In welcher Beziehung stehen die beiden Faltlinien zu g und h? Welche Beziehung besteht zwischen den beiden Faltlinien?

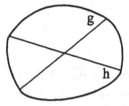

Fig. 1.17

Faltet man ein Stück Papier einmal, so erhält man eine Faltkante. Faltet man es noch einmal so, daß sich Teile der Faltkante decken, so erhält man beim Auffalten zwei Faltlinien, die vier Winkel bilden (Fig. 1.18). Da benachbarte Winkel durch Falten zur Deckung gebracht werden können, handelt es sich vermutlich um rechte Winkel. Faltet man ein drittes Mal so, daß sich wiederum Teile einer der beiden Faltkanten decken, so erhält man nach dem Auffalten drei Faltlinien, von denen zwei vermutlich von einer gemeinsamen Senkrechten geschnitten werden, d.h. zueinander parallel sind (Fig. 1.19).

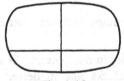

Fig. 1.18

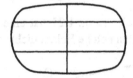

Fig. 1.19

Dieses Falten führt zu folgenden Vermutungen:

•   Zwei Geraden schneiden sich genau dann senkrecht, wenn ein Paar von Nebenwinkeln gleich groß ist.

•   Zwei Geraden sind genau dann parallel, wenn sie eine gemeinsame Senkrechte besitzen.

•   Zur Geraden g und einem Punkt P gibt es genau eine Senkrechte zu g durch P.

Übung 1.6: Zeigen Sie, daß diese Vermutungen zutreffen.

Auf einem Zeichenblatt kann man stets nur endliche Ausschnitte von Geraden darstellen. Die Frage, ob zwei Geraden parallel sind, d.h. ob sie einen Schnittpunkt haben oder nicht, kann unter diesen Umständen nicht direkt beantwortet werden. Der Schnittpunkt könnte außerhalb des Blattes liegen.

Übung 1.7: Erläutern Sie, wie man mit Hilfe der Aussagen über Winkel zwischen Geraden zwei Geraden auf Parallelität prüfen kann und wie man damit die Parallele zu einer gegebenen Geraden konstruieren kann.

1.4   Vielecke

Vielecke sind spezielle Streckenzüge. Streckenzüge traten in einfachster Form schon bei
der Verbindbarkeit von Punkten bezüglich einer Geraden oder eines Winkels auf.

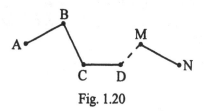

Fig. 1.20

Strecken der Art $\overline{AB}$, $\overline{BC}$, $\overline{CD}$, ... , $\overline{MN}$
bilden einen **Streckenzug**, welcher die
Punkte A und N verbindet. Zum Streckenzug gehören dessen Punkte A bis N sowie
alle inneren Punkte der einzelnen Strecken
(Fig. 1.20).

Der Streckenzug $\overline{AB}$, $\overline{BC}$, $\overline{CD}$, ... , $\overline{MN}$ ist **geschlossen**, d.h. ein **Vieleck**, falls A und
N zusammenfallen. Die Punkte A, B, ... , M heißen **Ecken**, die Strecken $\overline{AB}$, $\overline{BC}$,
$\overline{CD}$, ... , $\overline{MA}$ **Seiten** des Vielecks. Das Vieleck $\overline{AB}$, $\overline{BC}$, $\overline{CD}$, ... , $\overline{MA}$ ist **einfach**,
wenn jede Ecke zu genau zwei Seiten gehört und je zwei Seiten keinen inneren Punkt
gemeinsam haben. Fig. 1.21 zeigt ein einfaches Vieleck, Fig. 1.22 ein nicht einfaches
Vieleck.

Fig. 1.21

Fig. 1.22

Das Fünfeck in Fig. 1.21 hat eine „einspringende" Ecke. Beim Rechteck oder Parallelogramm treten solche Ecken nicht auf.

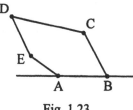

Fig. 1.23

In Fig. 1.23 liegen die Ecken C, D und E des
einfachen Vielecks alle in derselben Halbebene bezüglich der Trägergeraden der Seite
$\overline{AB}$. Gilt das Entsprechende für jede Seite
eines einfachen Vielecks, so nennt man es
konvex. Das Fünfeck in Fig. 1.21 ist einfach,
aber nicht konvex.

Im Folgenden werden - falls nicht ausdrücklich vermerkt - nur konvexe Vielecke eine
Rolle spielen. Einfache Vielecke können durch Auszeichnung eines Umlaufsinns **orientiert** werden.

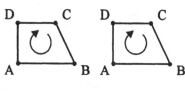

Fig. 1.24

Die Ecken eines Vielecks können auf zwei
Weisen nacheinander durchlaufen werden. In
Fig. 1.24 wird das linke Viereck in der Reihenfolge A, B, C, D, A durchlaufen, d.h. entgegen dem Uhrzeigersinn. Sein Umlaufsinn
ist positiv. Für das rechte Viereck gilt das
Umgekehrte.

Winkel an konvexen Vielecken

Ein Innenwinkel eines konvexen Vielecks wird - anschaulich gesprochen - von benachbarten Seiten gebildet. Sein Winkelfeld enthält das Innere des Vielecks.

α, β und γ sind die **Innenwinkel** des Dreiecks ABC (Fig. 1.25). Zu jedem Innenwinkel gibt es zwei gleich große **Außenwinkel**, die beiden Nebenwinkel des Innenwinkels. Beispielsweise sind α' und α'' die Außenwinkel zu α. Entsprechendes gilt für jedes konvexe Vieleck.

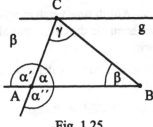

Fig. 1.25

Für die Summen der Innen- bzw. Außenwinkelgrößen konvexer Vielecken gelten einfache Regeln, die sogenannten Winkelsummensätze.

Übung 1.8: In Fig. 1.26 sei g die Parallele zu AB durch C. Zeigen Sie an Hand dieser Figur, dass die Summe der Innenwinkel im Dreieck 180° beträgt.
Folgern Sie daraus, dass die Summe der Innenwinkel eines konvexen n - Ecks gleich (n - 2)·180° ist.

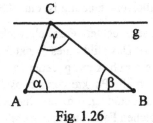

Fig. 1.26

Zu jedem Innenwinkel eines konvexen Vielecks sei ein Außenwinkel angegeben. Im Unterschied zur Summe der Innenwinkel hängt die Summe der Außenwinkel nicht von der Anzahl der Ecken ab.

Schiebt man einen Bleistift - in Fig. 1.27 durch einen Pfeil angedeutet - einmal um das Viereck herum, so ist er an den Ecken nacheinander um die Winkel β', γ', δ' und α' zu drehen. Insgesamt „dreht" er sich, bis er in seine Ausgangslage A zurückkehrt, um 360°. Dieses Ergebnis hängt offenbar nicht von der Anzahl der Ecken des Vielecks ab.

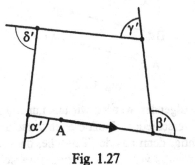

Fig. 1.27

Übung 1.9: Zeigen Sie, dass die Summe der Außenwinkel eines konvexen Vielecks 360° beträgt.

Regelmäßige Vielecke

Bei diesen Vielecken sind sowohl alle Seiten gleich lang als auch alle Innenwinkel gleich groß. Die Ecken eines solchen Vielecks liegen auf einem Kreis. In EUKLIDs „Elementen" werden diese Vielecke eingehend untersucht. Dabei geht es sowohl um deren Eigenschaften als auch um deren Konstruierbarkeit mit Zirkel und Lineal. Wir werden auf die regelmäßigen Vielecke im Zusammenhang mit der Symmetrie von Figuren zurückkommen.

1.5   Abbildungen

Der Abbildungsbegriff ist ein zentraler Begriff der Mathematik. Er ist allerdings auch ein Begriff, der mit beachtlichen Fehlvorstellungen behaftet sein kann.

Unter einer **Abbildung** versteht man eine Relation auf der Menge der Punkte der Ebene. Wir bezeichnen sie durch „... hat als Bild ...". Damit diese Relation eine Abbildung ist, fordern wir:

- Zu jedem Punkt A der Ebene gibt es genau einen Punkt A', so dass gilt: A hat als Bild A'.

Statt „A hat als Bild A'" sagt man auch „A' ist der Bildpunkt von A". A heißt Urbild von A'.

Die in Fig. 1.28 skizzierte Parallelverschiebung ist ein Beispiel für eine Abbildung, bei der es zu jedem Punkt A' der Ebene einen Punkt A gibt, welcher auf A' abgebildet wird. Die Parallelverschiebung ist eine Abbildung der Ebene auf sich.

Bei der senkrechten Parallelprojektion der Ebene auf eine Gerade g ist dies anders (Fig. 1.29). Das Bild eines Punktes A außerhalb g ist der Schnittpunkt A' der Senkrechten s zu g durch A mit g. Jeder Punkt B von g fällt mit seinem Bild B' zusammen. Demnach haben alle Punkte von s denselben Punkt A' als Bildpunkt. Insgesamt wird die Ebene auf die Gerade g, d.h. auf eine echten Teilmenge der Ebene abgebildet. Man spricht in einem solchen Fall von einer Abbildung der Ebene in sich.

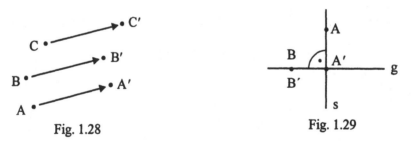

Fig. 1.28   Fig. 1.29

Im Folgenden werden wir uns nur mit Abbildungen der Ebene auf sich befassen, bei denen verschiedene Punkte auch verschiedene Bildpunkte haben. Die zweite Forderung ist wichtig, denn aus der Tatsache, dass eine Abbildung die Ebene auf sich abbildet, folgt nicht, dass verschiedene Punkte verschiedene Bildpunkte haben. Bei einer solchen Abbildung gibt es zu jedem Punkt der Ebene genau ein Urbild, und verschiedene Punkte haben verschiedene Urbilder. Dazu gehört insbesondere die **Identität**, die jeden Punkt auf sich abbildet. Die Parallelverschiebung in Fig. 1.28 ist ein weiteres Beispiel. In einem solchen Fall ist auch die Umkehrrelation „... hat als Urbild ..." eine Abbildung, die **Umkehrabbildung**. Hat ein Punkt A bei einer solchen Abbildung das Bild A', so hat A' bei der Umkehrabbildung als Bild A. Man nennt solche Abbildungen **eineindeutig**.

Die Parallelprojektion in Fig. 1.29 ist hingegen nicht umkehrbar. Sie ist erstens keine Abbildung der Ebene auf sich. Zweitens gibt es zu jedem Punkt auf g unendlich viele verschiedene Urbilder.

Abbildungen und Bewegungen

Bei dieser Auffassung von Abbildungen wird man vertraute Erklärungen der Art „Eine Abbildung ist eine Vorschrift, die jedem Punkt der Ebene genau einen Bildpunkt zuordnet." oder Ausdrucksweisen wie „A wird auf B abgebildet.", „A wird nach A' verschoben." usw. vermissen. Solche Formulierungen wurden bisher bewusst vermieden, um Fehlvorstellungen bezüglich des Abbildungsbegriffs zu vermeiden. Worte wie zuordnen, abbilden, verschieben usw. beschreiben Handlungen oder Handlungsvorstellungen, d.h. räumlich - zeitliche Prozesse. Im Geometrieunterricht ist es aus didaktischen Gründen üblich, den Abbildungsbegriff aus solchen Handlungen zu entwickeln. Zum Abbilden benutzt man beispielsweise Transparentpapierkopien von Figuren. Man bildet ein Dreieck ab, indem man es auf Transparentpapier kopiert, dieses verschiebt, die Kopie auf die Zeichenunterlage durchdrückt und nachzeichnet. Das Transparentpapier dient dabei als Ebenenduplikat. Dessen Verschiebung konkretisiert eine kinematische Bewegung, nicht aber eine geometrische Abbildung. Zwischen der Bewegung „Verschiebung" und der Abbildung „Verschiebung" besteht aber ein Zusammenhang. In der Kinematik versteht man unter einer Bewegung grob gesagt eine ganze Schar von Abbildungen.

Wir erläutern dies an einem einfachen Beispiel (Fig. 1.30). Zu jedem Wert von t aus dem Intervall $0 \le t \le 60$ gehöre die Abbildung V(t): „Verschiebung um t mm nach rechts".

t = 0: V(0) ist die Identität. Die Figur fällt mit ihrem Bild zusammen.

t = 30: Bei V(30) liegt das Bild 30 mm rechts vom Urbild.

t = 60: Bei V(60) liegt das Bild 60 mm rechts vom Urbild usw.

Lässt man t kontinuierlich von 0 bis 60 anwachsen, so bewegt sich das Bild der Figur unter V(t) kontinuierlich um 60 mm nach rechts.

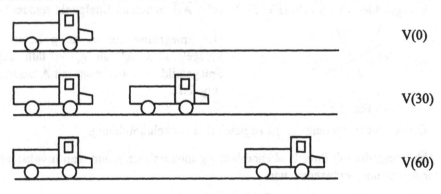

Fig. 1.30

Diese Bewegung steht in folgendem Zusammenhang mit einer Abbildung. Betrachtet man die Figur nur in ihrer Anfangs- und Endlage, so gibt es eine Verschiebung im Sinn einer Abbildung, welche die erste Figur als Urbild und die zweite Figur als Bild hat. Im Beispiel ist V(60) diese Abbildung.

In Kenntnis dieses Zusammenhanges ist es gerechtfertigt, Abbildungen mittels Transparentpapierkopien zu konkretisieren sowie die üblichen Ausdrucksweisen wie „A wird abgebildet auf B." usw. zu benutzen.

2 Kongruenzabbildungen

Kongruenzabbildungen bilden ebene Figuren auf dazu deckungsgleiche Figuren ab. Wie wir noch sehen werden, kann man alle Kongruenzabbildungen durch das Hintereinander-ausführen von Achsenspiegelungen erzeugen. Die Achsenspiegelungen spielen daher im Folgenden eine zentrale Rolle.

2.1 Achsenspiegelungen

2.1.1 Abbildungsvorschrift und Eigenschaften

Wir gehen von einer Geraden g in der Ebene aus. Zu einem Punkt erhält man dessen Bild

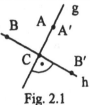

Fig. 2.1

folgendermaßen (Fig. 2.1). Liegt A auf g, so ist A = A'. Liegt B nicht auf g, so legt man durch B die Senkrechte h zu g. C sei der Schnittpunkt von g und h. Das Bild von B ist der Punkt B' auf h, der auf der anderen Seite von g liegt und für den $l(\overline{BC}) = l(\overline{CB'})$ gilt.

Die Spiegelung an der Achse bzw. der Geraden g bezeichnen wir durch S_g. $A' = S_g(A)$ wird auch als **Spiegelbild** von A bezeichnet. Ist B' das Bild des Punktes B bei S_g, so sagt man, dass B' und B spiegelbildlich bezüglich g liegen.

Die beiden folgenden Eigenschaften der Achsenspiegelung ergeben sich unmittelbar aus der Abbildungsvorschrift:

- Zu zwei Punkten A und B gibt es genau eine Achsenspiegelung S_g, bei der A auf

  B abgebildet wird. g schneidet die Strecke $\overline{AB}$ in deren Mittelpunkt senkrecht.

Fig. 2.2

Die Spiegelung von A an g liefert A'. Spiegelt man A' an g, so fällt dessen Spiegelbild A'' wiederum mit A zusammen (Fig. 2.2).

- Die Achsenspiegelung S_g ist zugleich ihre Umkehrabbildung.

Eine Abbildung, die mit ihrer Umkehrabbildung identisch ist, nennt man **involutorisch**. Aus der Anschauung entnehmen wir:

- S_g ist geradentreu, d.h., das Bild einer Geraden h ist eine Gerade h'.

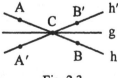

Fig. 2.3

Man erhält h', indem man zwei Punkte A und B von h an g spiegelt und die Gerade durch deren Bilder A' und B' legt. Schneiden sich g und h in C, so geht auch h' durch C (Fig. 2.3).

Zeichnen von Spiegelbildern

Faltverfahren
Am einfachsten lassen sich geradlinig begrenzte Figuren spiegeln. Man faltet das Zeichenblatt entlang der Achse, sticht in den Eckpunkten durch, faltet das Blatt auf und verbindet die Bildpunkte.

Dieses Verfahren beruht auf einer räumlichen Halbdrehung der Halbebene um die Achse und konkretisiert daher die Achsenspiegelung als Abbildung der ganzen Ebene auf sich nur unvollkommen. Zudem machen wir hier, wie auch bei den folgenden Verfahren, Gebrauch von Eigenschaften der Achsenspiegelung, die noch nicht erwähnt wurden. Wir unterstellen, dass Strecken auf gleich lange Strecken abgebildet werden usw. Das folgende Verfahren vermeidet einige der eben genannten Nachteile des Faltens.

Wendeverfahren
Man kopiert die Figur - ob geradlinig oder krummlinig begrenzt spielt keine Rolle - einschließlich der Achse auf Transparentpapier und wendet dieses um die Achse. Trifft die Figur die Achse nicht, so ist zur genauen Positionierung der gewendeten Kopie ein Punkt auf der Achse zu markieren und zu kopieren (Fig. 2.4). Anschließend wird die gewendete Kopie mittels Durchdrücken auf das Zeichenblatt übertragen.

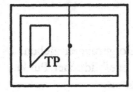 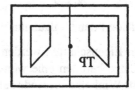

Fig. 2.4

Diesem Verfahren liegt eine räumliche Halbdrehung der ganzen Ebene um die Achse zu Grunde. Man kann es auch als heuristisches Hilfsmittel zum Entdecken von Eigenschaften der Achsenspiegelung einsetzen. Auf Grund der „Starrheit" der Kopie wird beispielsweise die Geradentreue der Achsenspiegelung, die wir der Anschauung entnommen hatten, plausibel.

Zeichnen im Quadratgitter
Kariertes Papier eignet sich ebenfalls zum Zeichnen von Spiegelbildern geradlinig begrenzter Figuren. Man beschränkt sich dabei auf Spiegelungen, deren Achsen mit einer Gitterlinie oder einer Gitterdiagonalen zusammenfallen. Das Auffinden der Bildpunkte erfordert nur das richtige Abzählen von Abständen im Gitter.

Konstruieren mit Zeichengeräten
Das Geodreieck gestattet mit seiner spiegelbildlichen Skala in einfachster Weise das Zeichnen von Spiegelbildern geradlinig begrenzter Figuren. Später werden wir noch ein Verfahren kennenlernen, bei dem Zirkel und Lineal benutzt werden.

Die eben genannten Verfahren beziehen sich auf das Spiegeln von Figuren, also Teilmengen der Ebene. Man darf dabei nicht übersehen, dass die Achsenspiegelung eine Abbildung aller Punkte der Ebene auf sich ist.

• Halbgeraden werden bei S_g auf Halbgeraden abgebildet. S_g ist winkeltreu und winkelmaßtreu.

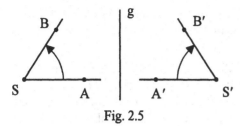

Fig. 2.5

Jeder Winkel $\angle ASB$ wird auf einen gleich großen Winkel $\angle A'\,S'\,B'$ abgebildet. Bei orientierten Winkeln sind Urbild und Bild entgegengesetzt orientiert (Fig. 2.5).

• S_g ist streckentreu und längentreu. Strecken werden auf Strecken abgebildet. Urbildstrecke und Bildstrecke sind gleich lang.

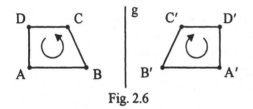

Fig. 2.6

Werden die Ecken des Urbildes in der Reihenfolge A, B, C, D, A durchlaufen und behält man die Reihenfolge für deren Bildpunkte bei, so sind Bild und Urbild entgegengesetzt orientiert (Fig. 2.6).

• S_g ändert den Umlaufsinn von Figuren.

Aus diesen Eigenschaften werden wir eine Reihe von Folgerungen ziehen. Die beiden nächsten Sätze bereiten eine weitere Kennzeichnung spiegelbildlicher Punktepaare vor. Den Begriff Winkelhalbierende setzen wir als bekannt voraus.

Satz 2.1: Es sei w die Winkelhalbierende des Winkels $\angle g_S, h_S$. Dann wird der Winkel $\angle g_S, h_S$ durch die Spiegelung an w auf sich abgebildet (Fig. 2.7).

Beweis: w_S sei die im Inneren des Winkels $\angle g_S, h_S$ liegende Halbgerade von w bezüg-

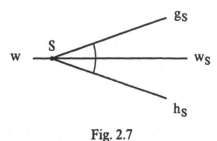

Fig. 2.7

lich S. Da w den Winkel $\angle g_S, h_S$ halbiert, sind die Winkel $\angle g_S, w_S$ und $\angle w_S, h_S$ gleich groß. Wir zeigen nun, dass g_S bei der Spiegelung an w auf h_S abgebildet wird. Da S_w winkelmaßtreu ist, sind $\angle g_S, w_S$ und dessen Bild $\angle w_S, g_S'$ gleich groß. Daher sind auch $\angle w_S, h_S$ und $\angle w_S, g_S'$ gleich groß. Wegen der Eindeutigkeit des Winkelabtragens an w fallen h_S und g_S' zusammen. Analog wird g_S bei S_w auf h_S abgebildet. ∎

Folgerung 2.1: Bei der Spiegelung an w werden die Trägergeraden g und h der Schenkel g_S und h_S aufeinander abgebildet.

Beispiel 2.1: Zwei zueinander parallele Geraden h und k haben bei der Spiegelung an einer Geraden g zueinander parallele Bildgeraden h' und k'.

Wenn die beiden Geraden zusammenfallen, so fallen auch ihre Bilder zusammen und sind demnach parallel. Andernfalls gehen wir indirekt vor (Fig. 2.8). Wir nehmen an, dass sich h' und k' in einem Punkt S' schneiden. Da S_g eine eineindeutige Abbildung ist, muss das Urbild S von S' sowohl auf h als auch auf k liegen. h und k hätten

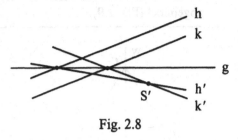

Fig. 2.8

dann einen Schnittpunkt und wären im Widerspruch zur Voraussetzung nicht parallel. Die Annahme, dass h' und k' nicht parallel sind, ist falsch.   □

Übung 2.1: Zeigen Sie, dass zueinander senkrechte Geraden bei einer Achsenspiegelung auf zueinander senkrechte Geraden abgebildet werden. Folgern Sie in Anlehnung an Figur 1.19 S. 17 daraus die Aussage des Beispiels 2.1.

Fixelemente der Achsenspiegelung

Unter Fixelementen einer Abbildung versteht man Punktmengen in der Ebene, die punktweise oder als Ganzes durch die Abbildung auf sich abgebildet werden. Wir kennen dafür bereits Beispiele:

- Fixpunkte, Fixpunktgeraden
  Jeder Punkt der Achse wird auf sich abgebildet. Die Achse ist demnach eine Gerade, die aus lauter Fixpunkten besteht - eine Fixpunktgerade.

- Fixgeraden
  Jede Gerade, die die Achse senkrecht schneidet, wird auf sich abgebildet. Diese Geraden sind Fixgeraden.

- Fixkreise
  Kreise, deren Mittelpunkte auf der Achse liegen, fallen mit ihren Spiegelbildern zusammen.

Zu jeder Achsenspiegelung gibt es beliebig viele Figuren, die mittels dieser Abbildung auf sich selbst abgebildet werden. Man zeichne beispielsweise eine beliebige Figur und spiegele diese. Die aus den Urbildpunkten und deren Bildpunkten bestehende Gesamtfigur hat die verlangte Eigenschaft.

Wesentlich interessanter ist die umgekehrte Fragestellung. Gegeben sei eine ebene Figur. Gibt es eine Achsenspiegelung, bei der diese Figur auf sich abgebildet wird? Satz 2.1 besagt, dass Winkel Beispiele für solche Figuren sind. Außerdem wissen wir, dass jede Gerade bei der Spiegelung an einer zu ihr senkrechten Geraden auf sich abgebildet wird. Auch Buchstaben wie A, H, M usw. haben offenbar diese Eigenschaft - sie sind achsensymmetrisch. Wir kommen im nächsten Abschnitt ausführlich auf dieses Thema zurück.

Satz 2.2: Das Dreieck ABC sei gleichschenklig mit l($\overline{CA}$) = l($\overline{CB}$). w halbiere den
Winkel $\angle$ ACB. Dann wird das Dreieck ABC bei der Spiegelung an w auf sich
abgebildet (Fig. 2.9).

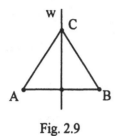

Fig. 2.9

Beweis: Bei der Spiegelung an w bleibt C
fest. Nach der Folgerung 2.1 werden die Ge-
raden CA und CB aufeinander abgebildet.
Das Bild A' von A liegt folglich auf CB.
Wegen l($\overline{CA'}$) = l($\overline{CA}$) = l($\overline{CB}$) und der
Eindeutigkeit des Streckenabtragens fällt
A' mit B zusammen. Analog ist A das Bild
von B.   ◻

Folgerung 2.2: Wegen der Winkeltreue der Spiegelung sind die Basiswinkel des gleich-
schenkligen Dreiecks $\angle$ CAB und $\angle$ CBA gleich groß. Die Winkelhalbierende w schneidet die Strecke $\overline{AB}$ in deren Mittelpunkt senkrecht.

Satz 2.3: A und B seien zwei Punkte, die auf verschiedenen Seiten einer Geraden g
liegen. A und B liegen genau dann spiegelbildlich bezüglich g, wenn sie von jedem Punkt der Geraden gleich weit entfernt sind.

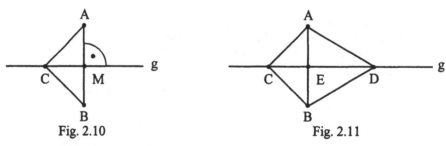

Fig. 2.10   Fig. 2.11

Beweis: Dieser erfolgt in zwei Schritten.

1. Wir setzen voraus, dass A und B spiegelbildlich bezüglich g liegen und zeigen, dass
jeder Punkt C der Achse von A und B gleich weit entfernt ist (Fig. 2.10). Das Dreieck
ABC wird bei der Spiegelung an g auf sich abgebildet. Aus der Strecken- und Längentreue von S_g folgt die Behauptung l($\overline{CA}$) = l($\overline{CB}$).

2. Wir gehen nun davon aus, dass jeder Punkt der Geraden g von A und B gleich weit
entfernt ist. Zu folgern ist, dass A und B spiegelbildlich bezüglich g liegen (Fig. 2.11).
C und D seien Punkte auf g, die nicht auf AB liegen. Die Dreiecke ABC und ABD sind
nach Voraussetzung jeweils gleichschenklig. Nach der Folgerung 2.2 geht die Winkelhalbierende des Winkels $\angle$ ACB durch C und schneidet $\overline{AB}$ in deren Mittelpunkt E
senkrecht. Genauso trifft die Winkelhalbierende von $\angle$ ADB die Strecke $\overline{AB}$ in E senkrecht. Da es zu AB durch E genau eine Senkrechte gibt, fallen die beiden Winkelhalbierenden mit g zusammen. Damit liegen A und B spiegelbildlich bezüglich g.   ∎

Mittelsenkrechte

Unter der Mittelsenkrechten einer Strecke $\overline{AB}$ versteht man die Gerade m, welche durch ihren Mittelpunkt M geht und zu ihr senkrecht ist. $\overline{AB}$ wird bei der Spiegelung S_m auf sich abgebildet. Nach Satz 2.3 ist jeder Punkt P von m von A und B gleich weit entfernt (Fig. 2.12).

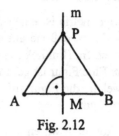

Fig. 2.12

Übung 2.2: Zeigen Sie: Ein Dreieck mit zwei gleich großen Innenwinkeln ist gleichschenklig.

Hinweis: Spiegeln Sie das Dreieck an der Winkelhalbierenden des dritten Innenwinkels und beachten Sie den Winkelsummensatz für Dreiecke.

Winkelhalbierende

P sei ein Punkt auf der Winkelhalbierenden w des Winkels $\angle$ ASB (Fig. 2.13). Die Winkel α und β sind gleich groß. Durch P werden Geraden g und h so gezeichnet, dass $\gamma = \delta = 90° - \alpha$. Dann schneidet g die Gerade SA in A senkrecht. Analog schneiden sich h und SB in B senkrecht. $l(\overline{PA})$ bzw. $l(\overline{PB})$ ist der Abstand des Punktes P von der Geraden SA bzw. SB. Bei der Spiegelung an w wird SA wegen $\alpha = \beta$ auf SB abgebildet. Genau so wird PA wegen $\gamma = \delta$ auf PB abgebildet. Der Schnittpunkt A von SA und PA wird auf den Schnittpunkt B der Bildgeraden SB und PB abgebildet. A und B liegen spiegelbildlich bezüglich w. Mit Satz 2.3 folgt schließlich $l(\overline{PA}) = l(\overline{PB})$.

Übung 2.3: Zeigen Sie, dass auch die Umkehrung dieser Aussage richtig ist:

Wenn der Punkt P von den Schenkeln des Winkels gleichen Abstand hat, liegt er auf der Winkelhalbierenden von $\angle$ ASB.

Hinweis: Beachten Sie Folgerung 2.2 und Übung 2.2.

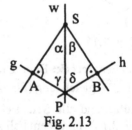

Fig. 2.13

Mittelparallele

g und h seien zwei parallele Geraden. Die Gerade k sei senkrecht zu g und h und schneide diese in A und B (Fig. 2.14). Die Gerade m, welche k senkrecht schneidet und durch den Mittelpunkt M von $\overline{AB}$ geht, ist parallel zu g und h. m heißt Mittelsenkrechte von g und h.

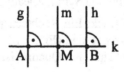

Fig. 2.14

Übung 2.4: Zeigen Sie in Fig. 2.14, dass die Geraden g und h durch S_m aufeinander abgebildet werden.

g und h schneiden aus Geraden, die zu k parallel sind, Strecken der Länge $l(\overline{AB})$ aus. Die Länge von $\overline{AB}$ nennt man den Abstand der parallelen Geraden g und h.

2.1.2 Achsensymmetrie

Die Achsensymmetrie ist eine sehr auffällige Eigenschaft von Figuren. Man erkennt solche Figuren daran, daß sie aus zwei Teilen bestehen, wobei jedes Teil das Spiegelbild des anderen ist. Im Hinblick auf die gesamte Figur können wir diese Eigenschaft auch so beschreiben: Eine Figur ist genau dann **achsensymmetrisch**, wenn es eine Achsenspiegelung gibt, welche die Figur auf sich abbildet. Die Achse der Spiegelung heißt **Symmetrieachse** der Figur.

Im vorigen Abschnitt waren uns bereits achsensymmetrische Figuren begegnet. Die Figuren und die zugehörigen Symmetrieachsen sind:

- **Gerade:** jede dazu senkrechte Gerade,
- **Strecke:** Mittelsenkrechte,
- **Paar paralleler Geraden:** Mittelparallele,
- **Winkel:** Winkelhalbierende,
- **gleichschenkliges Dreieck:** Winkelhalbierende der gleich langen Seiten.

Aus Satz 2.3 ergeben sich sofort weitere Aussagen über achsensymmetrische Vierecke.

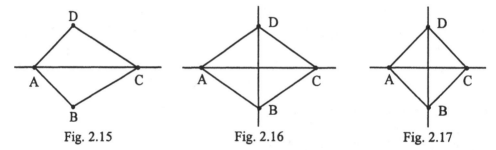

Fig. 2.15   Fig. 2.16   Fig. 2.17

- **Drachenviereck:** Beim Drachenviereck sind die Seiten $\overline{AB}$ und $\overline{AD}$ sowie $\overline{CB}$ und $\overline{CD}$ gleich lang (Fig. 2.15). AC ist Symmetrieachse des Drachenvierecks.

- **Raute:** Sind alle Seiten eines Drachenvierecks gleich lang, so ist es eine Raute (Fig. 2.16). In diesem Fall sind AC und BD Symmetrieachsen.

- **Quadrat:** Sind bei einer Raute alle Innenwinkel rechte Winkel, so liegt ein Quadrat mit den Symmetrieachsen AC und BD vor (Fig. 2.17).

- **Rechteck:** Ein Rechteck ist ein Viereck, bei dem benachbarte Seiten zueinander senkrecht sind (Fig. 2.18). Daraus folgt sofort, daß gegenüberliegende Seiten parallel sind. Ein Quadrat ist ein Rechteck mit gleich langen Seiten.

Rechteck und Quadrat werden bei den Spiegelungen an den Mittelparallelen ihrer Seiten auf sich abgebildet, d.h., die Mittelparallelen sind Symmetrieachsen. Beim Quadrat sind nach dem Vorigen auch die Diagonalen Symmetrieachsen.

Fig. 2.18

Zum Symmetriebegriff

Im Alltag wird Symmetrie zumeist mit Achsensymmetrie gleichgesetzt. Das Bild der Hausfront in Fig. 2.19 ist symmetrisch, weil es aus zwei „gleichen Hälften" besteht. Der Symmetriebegriff ist jedoch wesentlich allgemeiner. Er stammt aus dem Griechischen und bedeutet Gleich- oder Ebenmaß. In diesem Sinn ist das regelmäßige Fünfeck in Fig. 2.20 wegen der gleich großen Innenwinkel und der gleich langen Seiten symmetrisch. Die Seiten bzw. Winkel sind alle gleichwertig, sie sind nicht unterscheidbar.

Fig. 2.19 Fig. 2.20

Dieselbe Auffassung von Symmetrie finden wir bei den regulären Polyedern wieder. In EU-KLIDs „Elementen" stellt die Konstruktion dieser fünf Körper (Tetraeder aus vier regulären Dreiecken, Oktaeder aus acht regulären Dreiecken, Ikosaeder aus zwanzig regulären Dreiecken, Würfel aus sechs regulären Vierecken und Dodekaeder aus zwölf regulären Fünfecken) einen der Höhepunkte der griechischen Mathematik dar. Auch bei diesen Körpern äußert sich die Symmetrie in der Nichtunterscheidbarkeit ihrer Kanten, Ecken und Flächen. „Symmetrien" kommen nicht nur in der Geometrie vor. Mit ihrer Hilfe beschreibt man auch zeitlich-periodische Vorgänge, Beziehungen zwischen Elementarteilchen usw.

Im Unterschied zu diesem klassischen Symmetriebegriff gehen wir von Abbildungen aus. Zum Nachweis der Achsensymmetrie einer Figur ist die Existenz einer Achsenspiegelung nachzuweisen, welche die Figur auf sich abbildet. Die wesentlichen Vorzüge dieses Symmetriebegriffs gegenüber dem klassischen Symmetriebegriff bestehen darin, dass er auf unendlich ausgedehnte Figuren anwendbar ist (Eine Gerade ist achsensymmetrisch bezüglich jeder zu ihr senkrechten Geraden.) und dass er einer algebraischen Behandlung zugänglich ist (Symmetriegruppen).

Übung 2.5: Ein Dreieck habe zwei Symmetrieachsen. Folgern Sie daraus, dass es eine weitere Achse hat.

Prüfverfahren für Achsensymmetrie

Im Prinzip kommen alle Verfahren in Frage, die zum Zeichnen achsensymmetrischer Figuren geeignet sind. Die konkreten Verfahren führen zu Vermutungen bezüglich der Achsensymmetrie einer Figur, die anschließend formal zu begründen sind. Am einfachsten gelingt das Prüfen mit Hilfe von Transparentpapier. Man zeichnet die vermutete Symmetrieachse in die Figur ein, kopiert Figur und Achse auf Transparentpapier und wendet dieses um die Achse. Deckt sich die gewendete Kopie mit dem Original, so ist die Figur achsensymmetrisch. Dieses Verfahren veranschaulicht die Invarianz der Figur bei einer Achsenspiegelung, die durch eine räumliche Halbdrehung des Transparentpapiers konkretisiert wird. Beispiele für formale Begründungen finden sich im Vorangehenden.

- **Trapez:** Ein Trapez ist ein Viereck mit einem Paar paralleler Gegenseiten. Die beiden anderen Gegenseiten sind die Schenkel des Trapezes.

Man erhält ein achsensymmetrisches Trapez, indem man eine Strecke $\overline{AB}$ an einer Geraden g spiegelt, welche $\overline{AB}$ nicht schneidet, und A mit A′ sowie B mit B′ verbindet (Fig. 2.21).

Fig. 2.21   Fig. 2.22

Bei einem solchen Trapez sind die Schenkel $\overline{AB}$ und $\overline{A'B'}$ gleich lang und die Winkel $\angle A'AB$ und $\angle AA'B$ sowie $\angle ABB'$ und $\angle A'B'B$ jeweils gleich groß. Die zweite Aussage ist im folgenden Sinn umkehrbar (Fig. 2.22).

Satz 2.4: Ein Trapez ist achsensymmetrisch, wenn die einer der parallelen Seiten anliegenden Innenwinkel gleich groß sind.

Beweis: Die Winkel $\angle$ BAD und $\angle$ ABC seien gleich groß. m sei die Mittelsenkrechte von $\overline{AB}$. Bei der Spiegelung an m werden A auf B und B auf A abgebildet. Die Gerade AD wird wegen der gleich großen Winkel bei A und B auf die Gerade BC abgebildet und umgekehrt. Die Gerade CD ist parallel zur Geraden AB, d.h. senkrecht zu m, und wird demnach bei S_m auf sich abgebildet. Der Schnittpunkt D von AD und CD wird auf den Schnittpunkt C von BC und CD abgebildet. Damit wird das Trapez ABCD bei der Spiegelung an m auf sich abgebildet und ist somit achsensymmetrisch. ∎

Viereckstypen

Die achsensymmetrischen Vierecke ergeben sich aus den nicht achsensymmetrischen durch mehrmalige Spezialisierung. In der ersten Reihe von Fig. 2.23 gehen wir von einem Viereck ohne gleich lange Seiten und ohne parallele Gegenseiten aus. Wir spezialisieren bezüglich der Seitenlängen und Winkel über das Drachenviereck zur Raute und zum Quadrat. In der zweiten Reihe beginnen wir mit einem Trapez mit einem Paar paralleler Gegenseiten und unterschiedlichen „Basiswinkeln" und verfahren analog. In der dritten Reihe gehen wir von einem Parallelogramm mit zwei Paar paralleler Gegenseiten aus und spezialisieren zu Rechteck und Quadrat.

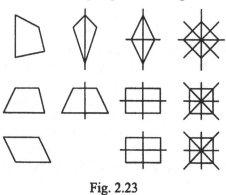

Fig. 2.23

Aspekte von Symmetrie

Formenkundlicher Aspekt

Dieser Aspekt betrifft die Eigenschaften symmetrischer Figuren. Zu der bisher behandelten Achsensymmetrie kommen im Folgenden noch Schub-, Dreh-, Punkt- und Schubspiegelsymmetrie hinzu. Mit Hilfe von Symmetrien kann man Eigenschaften von Figuren entdecken, Figuren klassifizieren und ordnen usw. Ein Schwerpunkt der formenkundlichen Aktivitäten liegt darauf, aus bereits bekannten Eigenschaften einer Figur weitere Eigenschaften abzuleiten. Diese Nachweise verlaufen stets so, wie die Begründung des Basiswinkelsatzes für gleichschenklige Dreiecke (Satz 2.2 und Folgerung 2.2, S.26). Man zeigt zuerst, dass das gleichschenklige Dreieck achsensymmetrisch ist, und schließt dann mittels der Eigenschaften der Achsenspiegelung auf die gleiche Größe der Basiswinkel. Schon jetzt sei darauf hingewiesen, dass diese „ abbildungsgeometrische Methode " nicht die einzige Möglichkeit ist, geometrische Aussagen zu beweisen. In Anlehnung an EUKLID kann man genauso die Kongruenzsätze für Dreiecke als Argumentationsgrundlage benutzen. Nach dieser „ kongruenzgeometrischen Methode " wird der Basiswinkelsatz so bewiesen (Fig. 2.24):

Man zeichnet im Dreieck ABC mit $l(\overline{AC}) = l(\overline{BC})$ den Mittelpunkt M der Strecke $\overline{AB}$ ein und schließt mittels des bekannten Kongruenzsatzes (SSS) auf die Kongruenz der Teildreiecke AMC und BMC. Daraus folgt die Kongruenz der Basiswinkel $\angle$ MAC und $\angle$ MBC.

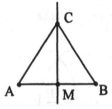

Fig. 2.24

Beide Beweismethoden haben Vor- und Nachteile. Erfahrungen zeigen, dass es beim Beweisen geometrischer Aussagen vorteilhaft ist, beide Methoden zu beherrschen. Auf dieses wichtige Problem werden wir später detailliert eingehen.

Algebraischer Aspekt

Führt man Abbildungen, welche eine Figur auf sich abbilden, hintereinander aus, so erhält man wieder eine Abbildung dieser Art. Das Verketten dieser Abbildungen führt zu Gruppen von Deckabbildungen, den sogenannten Symmetriegruppen von Figuren. Die algebraische Struktur dieser Gruppen ermöglicht vertiefte Einsichten in geometrische Sachverhalte.

Ästhetischer Aspekt

Ornamente und Schmuckmuster zeigen, dass Symmetrien seit über fünftausend Jahren bewusst bei der Gestaltung von Kunstwerken und Gebrauchsgegenständen benutzt werden. Weiterhin finden wir Symmetrien bei Grundrissen von Gebäuden, deren Fassaden usw.

Technisch - ökonomischer Aspekt

Symmetrische Lösungen technischer Probleme stellen häufig die einfachsten und ökonomischsten Lösungen dar. Man sieht dies am Gebälk von Fachwerkhäusern, an der Form von Flugzeugen, der Wiederholung von Bauteilen an Brücken usw.

2.1.3 Grundkonstruktionen mit Zirkel und Lineal

Bei diesen Konstruktionen handelt es sich um das Halbieren einer Strecke, das Fällen des Lotes von einem Punkt auf eine Gerade, das Errichten des Lotes in einem Punkt einer Geraden und das Halbieren eines Winkels. Die Grundlage dieser Konstruktionen ist folgende, doppelt achsensymmetrische Zwei - Kreise - Figur.

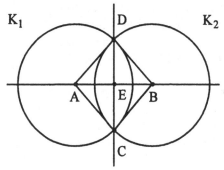

Fig. 2.25

Man geht von zwei Kreisen K_1 um A und K_2 um B mit gleichem Radius aus, welche sich in C und D schneiden. Diese Figur ergänzt man wie in Fig. 2.25 dargestellt. Das Viereck ACBD ist eine Raute. AB und CD sind deren Symmetrieachsen. AB ist Mittelsenkrechte von $\overline{CD}$ und Winkelhalbierende von $\angle$ DAC sowie $\angle$ DBC. CD ist Mittelsenkrechte von $\overline{AB}$ und Winkelhalbierende von $\angle$ ADB sowie $\angle$ ACB.

Halbieren einer Strecke

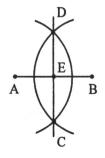

Fig. 2.26

Um die Strecke $\overline{AB}$ zu halbieren, schlägt man um A und B Kreisbögen mit gleichem Radius, welche sich in den Punkten C und D schneiden (Fig. 2.26). Die Gerade CD schneidet die Strecke $\overline{AB}$ in ihrem Mittelpunkt E.

Fällen des Lotes

Durch den Punkt D außerhalb der Geraden g soll die Senkrechte zu g konstruiert werden.

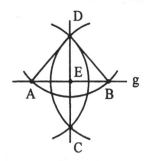

Fig. 2.27

Man schlägt um D einen Kreisbogen, der g in den Punkten A und B schneidet (Fig. 2.27). Um A und B schlägt man Kreisbögen mit gleichem Radius, welche sich in den Punkten C und D schneiden. CD ist die gesuchte Senkrechte zu g.

Diese Konstruktion liefert zugleich C als Spiegelbild von D bezüglich der Geraden g.

Zur Bedeutung des Konstruierens

Angesichts der heute verfügbaren CAD-Programme stellt sich die Frage nach der Bedeutung des Konstruierens mit Zirkel und Lineal. Die Beschränkung auf diese beiden Geräte hat historische Gründe. Der griechische Philosoph und Mathematiker PLATON (429 bis 348 v. Chr.) ließ wegen der idealen Symmetrie von Kreis und Gerade nur diese Zeichengeräte zu: „Als Schönheit von Figuren versuche ich jetzt nicht das zu bezeichnen, was die Menge dafür nehmen dürfte, wie z. B. die von lebenden Wesen oder Gemälden, sondern ich verstehe darunter ... Gerade und Kreis und die von diesen aus durch Zirkel und Lineal und Winkel entstehenden ebenen und räumlichen (Figuren)." ◆ Einige der klassischen Konstruktionsprobleme wurden erst in der ersten Hälfte des vorigen Jahrhunderts gelöst. Es bedurfte weitreichender algebraischer Hilfsmittel um herauszufinden, welche regelmäßigen Vielecke konstruierbar sind usw. Das Konstruieren mit Zirkel und Lineal sowie weiterer Zeichengeräten ist heute eine unverzichtbare Vorstufe für den Einsatz von Computerprogrammen. Es dient dem Begriffsbilden, dem Entdecken von Zusammenhängen und der Förderung des Problemlösens. Die Übergänge zwischen diesen Tätigkeiten sind fließend.

Begriffsbildung

Kreis: Zeichnet man mit Hilfe eines gespannten Bindfadens oder eines Zirkels einen Kreis, so sieht man, dass dieser der geometrische Ort aller Punkte ist, die vom Mittelpunkt gleich weit entfernt sind.

Mittelsenkrechte, Drachenviereck, Raute: Konstruiert man mit dem Zirkel Punkte, die von den Endpunkten A und B einer Strecke $\overline{AB}$ gleich weit entfernt sind, so liegen diese auf einer Geraden, der Mittelsenkrechten m von $\overline{AB}$. Verbindet man Punkte von m, die auf verschiedenen Seiten von AB liegen, mit A und B, so entstehen Drachenvierecke bzw. Rauten.

Entdecken von Zusammenhängen

Winkelhalbierende: Mit Hilfe eines Winkelmessers oder mit Zirkel und Lineal wird die Halbierende eines Winkels gezeichnet. Fällt man von einem Punkt der Winkelhalbierenden die Lote auf die Schenkel, so sind diese, wie Messungen zeigen, gleich lang. Ist die Winkelhalbierende die Menge aller der Punkte, die von den Schenkeln gleich weit entfernt sind?

Besondere Punkte im Dreieck: Man spiegelt ein Dreieck ABC an seinen drei Seiten und erhält so die Ecken A′, B′ und C′ (Fig. 2.28). Die Geraden AA′, BB′ und CC′ schneiden sich vermutlich in einem Punkt. Welcher besondere Punkt im Dreieck ABC ist das?

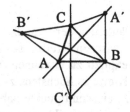

Fig. 2.28

◆ GERICKE, H. (1994): Mathematik in Antike und Orient, S. 109.

Errichten der Senkrechten

Gegeben seien eine Gerade g und ein Punkt E auf g. Es ist die Senkrechte zu g durch E zu konstruieren.

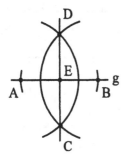

Man schlägt in Fig. 2.29 um E zwei Kreisbögen mit gleichem Radius, die g in A und B schneiden. Dann öffnet man den Zirkel etwas und schlägt um A und B zwei weitere Kreisbögen mit gleichem Radius, die sich in C und D schneiden. Die Gerade CD ist als Mittelsenkrechte von $\overline{AB}$ die gesuchte Gerade.

Fig. 2.29

Halbieren eines Winkels

Bei der üblichen, in Fig. 2.30 skizzierten Konstruktion der Winkelhalbierenden eines Winkels $\angle g_S, h_S$ ist der Bezug zur Zwei - Kreise - Figur nicht unmittelbar erkennbar. Man trägt auf beiden Schenkeln mit dem Zirkel vom Scheitel S aus zwei gleich lange Strecken $\overline{SA}$ und $\overline{SB}$ ab. Um A und B schlägt man mit gleichem Radius zwei Kreisbögen, die sich in C schneiden. SC ist die gesuchte Winkelhalbierende.

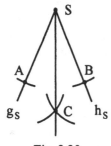
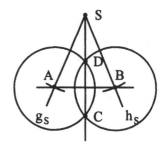

Fig. 2.30   Fig. 2.31

Die Begründung dieses Verfahrens ist aus der vervollständigten Fig. 2.31 direkt ersichtlich.

Bei der Erläuterung der Grundkonstruktionen haben wir vom Begriff Kreis und von Beziehungen zwischen Kreisen sowie zwischen Kreisen und Geraden Gebrauch gemacht, ohne dies explizit zu erwähnen. Wir haben beispielsweise benutzt, dass sich zwei verschiedene Kreise in höchstens zwei Punkten schneiden, dass eine Gerade und ein Kreis höchstens zwei Schnittpunkte haben usw. Da die Klärung dieser Zusammenhänge einerseits keine typisch abbildungsgeometrische Aufgabe ist, und da wir andererseits hier keinen lückenlosen Aufbau der Geometrie anstreben, entnehmen wir, wie bereits früher geschehen, auch diese Tatsachen der Anschauung.

Förderung des Problemlösens

Dies ist eines der wichtigsten und zugleich schwierigsten Anliegen des Mathematikunterrichtes. Problemlösen kommt in der Geometrie in den verschiedensten Zusammenhängen vor: beim Entwickeln von Regeln zur Berechnung geometrischer Größen, beim Aufstellen von Lösungsplänen für geometrische Sachaufgaben, beim Konstruieren von Figuren, beim Begründen von Aussagen über Eigenschaften von Figuren usw. Dieses Thema ist zu komplex, um es mit wenigen Sätzen zu umreißen. Wir verweisen daher auf ein Standardwerk von G. POLYA [*] und beschränken uns auf die Mitteilung einfacher Beispiele. Elementargeometrische Aufgaben spielen bei der Schulung des Problemlösens schon lange eine zentrale Rolle. Sie sind besonders geeignet, weil in vielen Fällen das Entdecken von Lösungsideen, das Rechtfertigen oder Verwerfen dieser Ideen auf differenzierte Weise möglich ist.

Beispiel 2.2: Wie findet man den Mittelpunkt eines Kreises?

Konkret - handelnde Lösung

Beim Problemlösen kann ein Modell der Figur helfen. Bekanntlich treffen sich alle Durchmesser im Mittelpunkt des Kreises. Man braucht also nur zwei Durchmesser zu schneiden, um ihn zu finden. Bei diesem Problem liegt es nahe, eine Kreisscheibe aus Papier auszuschneiden, und diese zweimal so zu falten, daß sich jeweils beide Hälften decken.

Konstruktive Lösung

Das Problem besteht darin, zwei Durchmesser des Kreises zu konstruieren. In diesem Fall könnte man von der Skizze eines Kreises mit Mittelpunkt und Durchmessern ausgehen, und versuchen, durch das Einzeichnen von Hilfslinien weiterzukommen. Einfacher ist es, an das Falten anzuknüpfen. Kreispunkte, die beim Falten zur Deckung kommen, liegen spiegelbildlich bezüglich der Faltkante, d.h. des Durchmessers.

Verbindet man zwei solche Punkte, so erhält man eine Sekante, deren Mittelsenkrechte der Durchmesser ist (Fig. 2.32). Die Lösung der Aufgabe besteht somit in der Konstruktion des Schnittpunktes M der Mittelsenkrechten zweier nicht paralleler Sekanten.

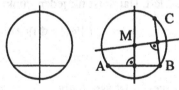

Fig. 2.32

Die Lösungen solcher Aufgaben ziehen oft weitere Probleme nach sich. In Fig. 2.32 ist zu vermuten, daß durch drei Punkte A, B und C, die nicht auf einer Geraden liegen, stets ein Kreis geht, dessen Mittelpunkt M der Schnittpunkt der Mittelsenkrechten von $\overline{AB}$ und $\overline{BC}$ ist. Liegt M auch auf der Mittelsenkrechten von $\overline{AC}$? Wir werden dieses Thema in Abschnitt 2.8.3 aufgreifen und zeigen, daß sich die Mittelsenkrechten der Seiten eines Dreiecks in einem Punkt, dem Umkreismittelpunkt des Dreiecks ABC, schneiden.

---

[*] POLYA, G. (1949): Schule des Denkens.

2.2   Verketten von Achsenspiegelungen

2.2.1   Verketten von Abbildungen

Φ sei eine umkehrbare Abbildung der Ebene auf sich. Jeder Punkt P der Ebene hat dann genau einen Bildpunkt P′, und verschiedene Punkte haben verschiedene Bildpunkte. Da Φ die Ebene auf sich abbildet, gibt es zu jedem Punkt Q der Ebene einen Punkt R, für den $\Phi(R) = Q$ gilt. R ist das Urbild des Punktes Q. Die Abbildung, die jeden Punkt Q der Ebene auf dessen Urbild R abbildet, ist die Umkehrabbildung von Φ, sie wird durch Φ^{-1} bezeichnet.

Wir betrachten nun zwei solche Abbildungen Φ und Γ der Ebene auf sich. Da sowohl bei Φ als auch bei Γ jeder Punkt genau ein Bild hat, liefert das Verketten von Φ und Γ eine Abbildung der Ebene auf sich.

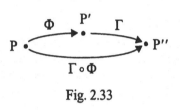

Fig. 2.33

Der Punkt P wird durch Φ abgebildet auf $\Phi(P) = P′$. Der Punkt P′ wird durch Γ auf $\Gamma(P′) = P″$ abgebildet. Insgesamt haben wir $\Gamma(\Phi(P)) = P″$. Diese zusammengesetzte Abbildung bezeichnen wir durch $\Gamma \circ \Phi$, gelesen Γ nach Φ (Fig. 2.33).

Für das Verketten gelten folgende, hier unbewiesene Regeln. Das Verketten zweier umkehrbarer Abbildungen Φ und Γ ergibt stets eine umkehrbare Abbildung $\Gamma \circ \Phi$. Im allgemeinen ist dabei $\Gamma \circ \Phi \neq \Phi \circ \Gamma$. Beim Verketten einer Abbildung Φ und ihrer Umkehrabbildung Φ^{-1} ist stets $\Phi \circ \Phi^{-1} = \Phi^{-1} \circ \Phi = \text{Id}$, wobei Id die identische Abbildung der Ebene auf sich ist. Mit drei Abbildungen Φ, Γ und Ψ sind auch die Abbildungen $\Gamma \circ \Phi$ und $\Psi \circ \Gamma$ erklärt. Damit ist für jeden Punkt P:

$$(\Psi \circ (\Gamma \circ \Phi))(P) = \Psi((\Gamma \circ \Phi)(P)) = \Psi(\Gamma(\Phi(P)))$$

$$((\Psi \circ \Gamma) \circ \Phi)(P) = (\Psi \circ \Gamma)(\Phi(P)) = \Psi(\Gamma(\Phi(P)))$$

Das Verketten ist assoziativ, d.h., es gilt $\Psi \circ (\Gamma \circ \Phi) = (\Psi \circ \Gamma) \circ \Phi$. Die Identität ist bezüglich des Verkettens das neutrale Element.

Zusammenfassend gilt somit:

- Die Menge aller umkehrbaren Abbildungen der Ebene auf sich bildet mit dem Verketten als Verknüpfung eine Gruppe.

Wegen der Assoziativität können wir beim Verketten von endlich vielen Abbildungen die Klammern weglassen. Für drei Abbildungen heißt das

$$\Psi \circ (\Gamma \circ \Phi) = (\Psi \circ \Gamma) \circ \Phi = \Psi \circ \Gamma \circ \Phi.$$

Die Umkehrung der Abbildung $\Gamma \circ \Phi$ ergibt sich wegen $\Gamma \circ \Phi \circ \Phi^{-1} \circ \Gamma^{-1} = \Gamma \circ \Gamma^{-1} = \text{Id}$ zu $(\Gamma \circ \Phi)^{-1} = \Phi^{-1} \circ \Gamma^{-1}$.

2.2.2 Verketten von Achsenspiegelungen

Zu den umkehrbaren Abbildungen der Ebene auf sich gehören insbesondere die Abbildungen, welche Figuren auf deckungsgleiche Figuren abbilden. Diese Abbildungen kann man mit Hilfe von Transparentpapier konkretisieren.

Man kopiert z.B. ein Dreieck von einem Zeichenblatt auf Transparentpapier, legt dieses an anderer Stelle ab und überträgt das Dreieck auf die Zeichenunterlage (Fig. 2.34).

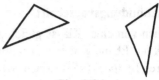

Fig. 2.34

Auf den ersten Blick ist die Vielzahl solcher Abbildungen unüberschaubar. Das Problem der Klassifikation dieser Abbildungen vereinfacht sich bei genauerer Betrachtung erheblich.

Man erhält das Bild des Dreiecks auch, indem man die Kopie seines Urbildes verschiebt und anschließend dreht (Fig. 2.35).

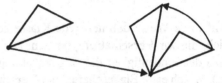

Fig. 2.35

Bei der Reduktion der Abbildungsarten kann man noch einen Schritt weiter gehen. Wir nehmen ein aus Klarsichtfolie ausgeschnittenes Rechteck bzw. gleichschenkliges Dreieck, wenden dieses je zweimal um die „rechte" Kante und erhalten die in Fig. 2.36 bzw. Fig. 2.37 dargestellte Bildfolge.

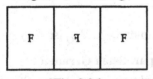

Fig. 2.36

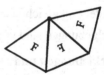

Fig. 2.37

Betrachtet man nur die Anfangs- und Endlage der Figuren, so wird das Rechteck nach rechts verschoben und das Dreieck gegen den Uhrzeigersinn gedreht. Dem Wenden um die Kanten entsprechen Achsenspiegelungen. Verschiebungen und Drehungen lassen sich vermutlich durch das Verketten von Spiegelungen an parallelen bzw. sich schneidenden Geraden gewinnen.

Insgesamt sind bezüglich der Lage zweier Achsen drei Fälle zu untersuchen (Fig. 2.38).

Die Achsen können zusammenfallen (1), keinen Punkt gemeinsam haben (2) oder sich in genau einem Punkt schneiden (3).

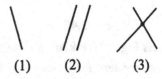

(1)   (2)   (3)

Fig. 2.38

Die Frage nach den Abbildungen, welche sich beim Verketten von mehr als zwei Achsenspiegelungen ergeben, lassen wir zunächst offen.

2.3   Verschiebungen

Die Beispiele des vorigen Abschnitts zeigen, dass zwischen Doppelspiegelungen und Verschiebungen ein Zusammenhang besteht. Wir führen zunächst die Verschiebungen als eigenständige Abbildungen ein und klären dann die angesprochenen Beziehungen.

2.3.1   Abbildungsvorschrift

Wir gehen von einer Klasse gleich gerichteter und gleich langer Strecken aus. Zu jedem Punkt A der Ebene gibt es genau eine Strecke aus dieser Klasse, die A als Anfangspunkt hat. Deren Endpunkt A′ ordnen wir A als Bild zu (Fig. 2.39).

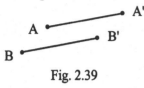

Fig. 2.39

Für zwei Punkte A und B sowie deren Bilder A′ und B′ ist $\overrightarrow{AA'}$ gleich gerichtet wie $\overrightarrow{BB'}$ und $l(\overline{AA'}) = l(\overline{BB'})$.

Auf diese Weise definiert jede Klasse solcher Strecken eine Abbildung der Ebene auf sich, die wir **Verschiebung** nennen. Die Identität wird als Nullverschiebung aufgefasst. Aus der Eindeutigkeit des Streckenabtragens und der Elementfremdheit der Klassen ergeben sich erste Eigenschaften der Verschiebungen:

- Zu jedem Paar von Punkten (P,Q) gibt es genau eine Verschiebung, die P auf Q abbildet. Wir bezeichnen sie durch V_{PQ}.

- Die Verschiebungen V_{PQ} und V_{RS} sind genau dann gleich, d.h. ordnen jedem Punkt A der Ebene denselben Punkt A′ als Bild zu, wenn $\overrightarrow{PQ}$ und $\overrightarrow{RS}$ gleich gerichtet und gleich lang sind.

- Verschiebungen sind umkehrbar. Die Umkehrabbildung zu V_{PQ} ist V_{QP}.

2.3.2   Verschiebungen und Doppelspiegelungen an parallelen Geraden

Eine Verschiebung ist durch den Anfangs- und Endpunkt einer gerichteten Strecke eindeutig festgelegt. Zu einem solchen Punktepaar (P,Q) gibt es eine Doppelspiegelung, die P auf Q abbildet.

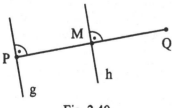

Fig. 2.40

In Fig. 2.40 sei g die Senkrechte zu PQ durch P und h die Senkrechte zu PQ durch den Mittelpunkt M der Strecke $\overline{PQ}$. Spiegelt man P an g, so bleibt P fest. Bei der anschließenden Spiegelung an h wird P auf Q abgebildet.

Die mittels Fig. 2.40 erklärten Abbildungen V_{PQ} und $S_h \circ S_g$ liefern nicht nur für P dasselbe Bild, sondern für jeden Punkt der Ebene, d.h., sie sind gleich. Zum Beweis dieser Behauptung müssen wir zeigen, dass für jeden Punkt A der Ebene die gerichtete Strecke mit Anfangspunkt A und Endpunkt A″ = $S_h \circ S_g$ (A) zu $\overrightarrow{PQ}$ gleich lang und gleich gerichtet ist. Dazu benötigen wir einige weitere Eigenschaften der Doppelspiegelungen.

Klassen gleich gerichteter Strecken

Um gleich gerichtete Strecken zu erklären, führen wir zunächst auf der Menge der Halbgeraden die Relation „... ist gleich gerichtet wie ...“ ein. Bezüglich der Trägergeraden der Halbgeraden sind zwei Fälle zu unterscheiden. Zwei Halbgeraden l_P und m_Q mit verschiedenen Trägergeraden sind genau dann gleich gerichtet, wenn sie zueinander parallel sind und in derselben Halbebene bezüglich der Geraden k durch P und Q liegen (Fig. 2.41). Fallen die Trägergeraden der Halbgeraden zusammen, so ist l_P genau dann gleich gerichtet wie m_Q, wenn $m_Q \subset l_P$ oder $l_P \subset m_Q$ (Fig. 2.42).

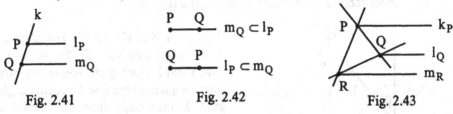

Fig. 2.41   Fig. 2.42   Fig. 2.43

Die Relation „... ist gleich gerichtet wie ...“ ist auf der Menge der Halbgeraden reflexiv und symmetrisch. Sie ist auch transitiv, d.h., sie ist eine Äquivalenzrelation. Letztere Eigenschaft können wir mit den verfügbaren Hilfsmitteln nicht nachweisen. Wir erläutern daher den allgemeinen Fall an Hand einer Skizze (Fig. 2.43). Wenn k_P gleich gerichtet ist wie l_Q, so liegen beide Halbgeraden in der gleichen Halbebene bezüglich der Geraden PQ. Das Analoge gilt für l_Q und m_R bezüglich der Geraden QR. Daraus ist abzuleiten, dass k_P und m_R in der gleichen Halbebene bezüglich der Geraden PR liegen.

Eine Strecke $\overline{AB}$ wird gerichtet, indem man z.B. A als Anfangspunkt und B als Endpunkt auszeichnet. Wir bezeichnen sie durch $\overrightarrow{AB}$. l_{AB} sei die Halbgerade, die A als Anfangspunkt hat und durch B geht (Fig. 2.44). Zwei gerichtete Strecken $\overrightarrow{AB}$ und $\overrightarrow{CD}$ sind genau dann gleich gerichtet, wenn die Halbgeraden l_{AB} und m_{CD} gleich gerichtet sind (Fig. 2.45). Gleich gerichtete Strecken können verschieden lang sein.

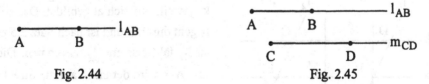

Fig. 2.44   Fig. 2.45

Übung 2.6: g und h seien zwei parallele Geraden. Spiegelt man den Punkt $P \in g$ erst an g und anschließend an h, so erhält man den Punkt R. Q sei der Schnittpunkt der Geraden h und PR. Zeigen Sie, dass die Strecken $\overrightarrow{PQ}$ und $\overrightarrow{PR}$ gleich gerichtet sind.

Übung 2.7: Zeigen Sie, dass die Relation „... ist gleich gerichtet wie ...“ auf der Menge der Strecken ebenfalls eine Äquivalenzrelation ist.

Diese Äquivalenzrelation zerlegt die Menge der gerichteten Strecken in Klassen gleich gerichteter Strecken.

Satz 2.5: Bei einer Doppelspiegelung an parallelen Geraden ist das Bild einer Geraden parallel zur Urbildgeraden.

Beweis: Die Achsen seien g und h. Die abzubildende Gerade nennen wir k. Ihr Spiegelbild an g bezeichnen wir durch $S_g(k) = k'$ und das von k' an h durch $S_h \circ S_g(k) = k''$. Je nach Lage der Geraden k bezüglich g und h sind drei Fälle zu unterscheiden.

1.   k ist parallel zu g und h. Dann sind auch k' und k'' parallel zu g und h.
2.   k ist senkrecht zu g und h. Dann ist $k = k' = k''$ und k ist parallel zu k''.
3.   k ist weder parallel noch senkrecht zu g und h (Fig. 2.46).

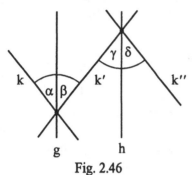

Fig. 2.46

Wegen der Winkel- und Winkelmaßtreue der Achsenspiegelung sind die Winkel α und β bzw. γ und δ gleich groß. Wegen der Parallelität von g und h sind β und γ ebenfalls gleich groß. Daraus folgt, dass die Winkel zwischen k und k' sowie zwischen k' und k'' gleich groß sind. Da dies Wechselwinkel an k' sind, ist k parallel zu k''.   ∎

Folgerung 2.3: Geraden, welche die Achsen senkrecht schneiden, sind Fixgeraden der Doppelspiegelung.

Satz 2.6: Schneiden sich zwei Paare paralleler Geraden k_1, k_2 und l_1, l_2 in vier Punkten A, B, C und D, so sind gegenüberliegende Seiten des Vierecks ABCD gleich lang (Fig. 2.47).

Beweis: g sei die Senkrechte durch A zu k_1, h die Mittelsenkrechte der Strecke $\overline{AB}$. Bei

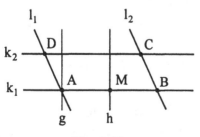

Fig. 2.47

der Doppelspiegelung $S_h \circ S_g$ werden k_1 und k_2 jeweils auf sich abgebildet. Das Bild von l_1 geht durch B und ist nach Satz 2.5 parallel zu l_1, fällt also mit l_2 zusammen. Die Strecke $\overline{AD}$ wird demnach auf die Strecke $\overline{BC}$ abgebildet und ist genau so lang wie diese. Analog folgt $l(\overline{AB}) = l(\overline{DC})$.   ∎

Unter einem **Parallelogramm** versteht man ein Viereck mit parallelen Gegenseiten.

Folgerung 2.4: Satz 2.6 besagt, dass bei einem Parallelogramm die Gegenseiten gleich lang sind.

Übung 2.8: Zeichnen Sie zwei parallele Geraden g und h sowie ein Dreieck, von dem eine Ecke auf g liegt (Fig. 2.48). Spiegeln Sie das Dreieck nacheinander an g und an h. Auf welchen Linien liegen A, A′, A″ bzw. B, B′, B″ usw.? Welcher Zusammenhang besteht zwischen dem Abstand von g und h sowie dem von B und B″, A und A″ usw.?

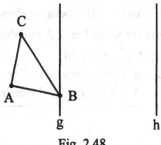

Fig. 2.48

Übung 2.9: Zeigen Sie, dass die Spiegelungen in Übung 2.8 beim Verketten nicht vertauschbar sind.

Die in Folgerung 2.4 genannte Eigenschaft eines Parallelogramms kommt beim Einpassen von Strecken in Figuren zur Anwendung.

Beispiel 2.3: Gegeben sind ein Winkel $\angle\, g_S, h_S$ und eine Strecke $\overline{AB}$, welche zu keinem der Schenkel parallel ist (Fig. 2.49). Gesucht ist eine zu $\overline{AB}$ parallele und gleich lange Strecke $\overline{CD}$, deren Endpunkte auf den Schenkeln des Winkels liegen. In Fig. 2.50 ist eine Lösung mit Hilfe zweier Parallelogramme skizziert.

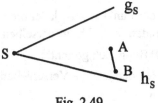

Fig. 2.49

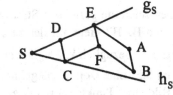

Fig. 2.50

Beispiel 2.4: Konstruktion eines Trapezes mit den Seitenlängen a = 8cm, b = 3cm, c = 4cm und d = 2cm.

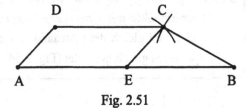

Fig. 2.51

Man zeichnet die Seite a (8cm) mit den Endpunkten A und B (Fig. 2.51). Von A trägt man auf $\overline{AB}$ die Strecke c (4cm) ab und erhält den Punkt E. Um B schlägt man einen Kreisbogen mit dem Radius b (3cm). Um E wird ein Kreisbogen mit dem Radius d (2cm) geschlagen. Die Kreisbögen schneiden sich im Punkt C des Trapezes. Schließlich zeichnet man die Parallelen zu AB durch C und zu CE durch C. Diese schneiden sich in D. $\overline{AD}$ ist genau so lang wie $\overline{CE}$, und $\overline{AE}$ ist genau so lang wie $\overline{DC}$. ABCD ist das gesuchte Trapez.

Übung 2.10: Konstruieren Sie ein Trapez mit a = 5cm, c = 2cm, $\alpha = 70°$ und $\beta = 65°$.

Satz 2.7: Bei der Doppelspiegelung $S_h \circ S_g$ an zwei Parallelen g und h mit Abstand d gilt für jeden Punkt A und dessen Bildpunkt $A'' = S_h \circ S_g\,(A)$:

1. $l(\overline{A\,A''}) = 2d$,
2. je zwei Strecken mit den Anfangspunkten A bzw. B und den Endpunkten A'' bzw. B'' sind gleich gerichtet.

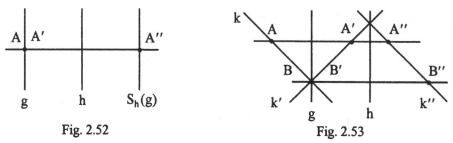

Fig. 2.52   Fig. 2.53

Beweis:

1. Liegt A auf g, so ist die Behauptung unmittelbar aus Fig. 2.52 ersichtlich. Andernfalls (Fig. 2.53) legen wir eine Gerade k durch A, die weder parallel noch senkrecht zu g ist. k schneide g in B. Die Geradenpaare A A'', B B'' und k, k'' genügen den Voraussetzungen von Satz 2.6. Daraus folgt $l(\overline{A\,A''}) = l(\overline{B\,B''}) = 2d$.

2. Gegeben seien die gerichtete Strecke $\overrightarrow{AA''}$ sowie ein Punkt B ≠ A. k sei die Gerade durch A und B. B'' liegt auf der zu k parallelen Geraden k'', d.h. in derselben Halbebene wie A'' bezüglich k. Folglich sind $\overrightarrow{AA''}$ und $\overrightarrow{BB''}$ gleich gerichtet. ∎

Folgerung 2.5: Eine Doppelspiegelung an parallelen Geraden ist eine Verschiebung. Mit A'' als Bild eines Punktes A bei $S_h \circ S_g$ ist $S_h \circ S_g = V_{AA''}$.

Satz 2.8: g_1, h_1, g_2, h_2 seien paarweise parallele Geraden, A, B, C und D deren Schnittpunkte mit einer gemeinsamen Senkrechten. Der Abstand zwischen g_1 und h_1 sei gleich dem Abstand zwischen g_2 und h_2. Die Halbgeraden l_{AB} und l_{CD} seien gleich gerichtet (Fig. 2.54). Dann ist $S_{h_1} \circ S_{g_1} = S_{h_2} \circ S_{g_2}$.

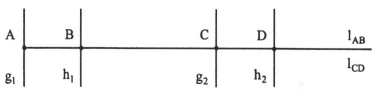

Fig. 2.54

Beweis: Der Punkt P wird bei der Verschiebung $S_{h_1} \circ S_{g_1}$ auf Q_1 abgebildet, bei $S_{h_2} \circ S_{g_2}$ auf Q_2. $\overrightarrow{PQ_1}$ und $\overrightarrow{PQ_2}$ sind gleich lang und gleich gerichtet (wie die Halbgeraden l_{AB} und l_{CD}). Daher ist $Q_1 = Q_2$, d.h., die beiden Abbildungen sind gleich. ∎

Übung 2.11: Zeigen Sie, dass der Beweis des Satzes 2.7 nicht von der Wahl der Geraden k in Fig. 2.53 abhängt.

Hinweis: Gehen Sie in Fig. 2.55 von der Geraden l durch A aus und zeigen Sie, dass auch $l'' = S_h \circ S_g(l)$ durch A'' geht.

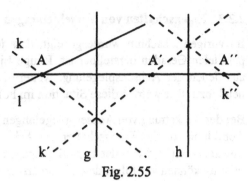

Fig. 2.55

Bei den Konstruktionsaufgaben in den Beispielen 2.3 und 2.4 traten Parallelogramme als Hilfsfiguren auf. Diese Hilfskonstruktionen kann man auch folgendermaßen interpretieren. In Fig. 2.50 wird die Strecke $\overline{AB}$ zuerst nach $\overline{EF}$ mit $E \in g_S$ verschoben und diese anschließend nach $\overline{DC}$ mit $C \in h_S$. In Fig. 2.51 erhält man den gesuchten Punkt D durch eine Verschiebung von $\overline{AE}$ längs $\overline{EC}$.

Die Beispiele zeigen, wie man mit Hilfe von Parallelogrammen nach Vorgabe einer Verschiebung V_{PQ} durch ein Punktepaar (P, Q) in einfacher Weise das Bild eines Punktes A konstruieren kann. Liegt der Punkt A nicht auf der Geraden PQ (Fig. 2.56), so erhält man A' als Schnittpunkt der Parallelen zu PQ durch A und der Parallelen zu PA durch Q. Liegt A auf PQ, so führt man die Konstruktion mittels eines zusätzlichen Punktepaares (B, B') auf den ersten Fall zurück (Fig. 2.57).

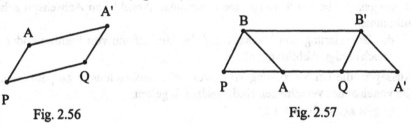

Fig. 2.56   Fig. 2.57

Übung 2.12: Zeigen Sie, dass die Lage des Punktes A' in Fig. 2.57 nicht von der Wahl des Hilfspunktes B abhängt.

Übung 2.13: Gegeben seien vier paarweise parallele Geraden g_1, h_1, g_2, h_2, welche den Voraussetzungen von Satz 2.8 genügen (Fig. 2.58).

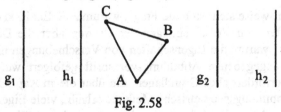

Fig. 2.58

Spiegeln Sie das Dreieck ABC nacheinander an g_1, h_1, h_2, g_2. Zeigen Sie, dass sich als Gesamtabbildung die Identität ergibt.

2.3.3　Eigenschaften von Verschiebungen

Im vorigen Abschnitt wurde gezeigt, dass jede Verschiebung als Doppelspiegelung an parallelen Geraden darstellbar ist. Einige Eigenschaften der Verschiebung ergeben sich aus denen der Achsenspiegelung, weitere Eigenschaften kommen durch das Verketten neu hinzu. Wir werden diese Situation im Folgenden etwas allgemeiner betrachten.

Bei der Verkettung von Achsenspiegelungen hängen die Eigenschaften der resultierenden Abbildung von den Eigenschaften der Achsenspiegelung, von der Anzahl der verketteten Spiegelungen und von der Lage der Achsen ab. Bezüglich der Eigenschaften dieser Abbildung können wir folgende Fälle unterscheiden.

1.　Aussagen, die bei jeder Verkettung von endlich vielen Achsenspiegelungen gelten:
   - Geraden werden auf Geraden abgebildet (Geradentreue),
   - Halbgeraden werden auf Halbgeraden abgebildet,
   - Winkel werden auf gleich große Winkel abgebildet,
   - die Bildgeraden zueinander paralleler (senkrechter) Geraden sind zueinander parallel (senkrecht),
   - das Bild einer Strecke ist eine gleich lange Strecke.

2.　Aussagen, die bei Verkettung einer geraden Anzahl von Achsenspiegelungen zusätzlich gelten:
   - die Orientierung von Winkeln und der Umlaufsinn von Figuren bleiben erhalten (gleichsinnige Abbildungen).

3.　Aussagen, die bei Verkettung einer ungeraden Anzahl von Achsenspiegelungen hinzukommen:
   - die Orientierung von Winkeln und der Umlaufsinn von Figuren ändern sich (ungleichsinnige Abbildungen).

4.　Aussagen, die bei Verkettung von zwei Achsenspiegelungen an parallelen Geraden, die voneinander verschieden sind, zusätzlich gelten:
   - es gibt keinen Fixpunkt,
   - Urbildgerade und Bildgerade sind zueinander parallel,
   - Geraden, die senkrecht zur Achsenrichtung sind, werden auf sich selbst abgebildet, d.h. sind Fixgeraden,
   - Halbgeraden werden auf gleich gerichtete Halbgeraden abgebildet,
   - gerichtete Strecken werden auf gleich gerichtete Strecken abgebildet.

Bei dieser Vorgehensweise stellt sich die Frage, warum zum Entdecken und zum Beweisen der Eigenschaften von Verschiebungen der Umweg über die Doppelspiegelungen gewählt wurde, bzw. warum die Eigenschaften von Verschiebungen nicht direkt aus der in Abschnitt 2.3.1 angegebenen Abbildungsvorschrift gefolgert wurden. Letzteres ist durchaus möglich, erfordert aber Grundlagen, die über die in Kapitel 1 bereitgestellten hinausgehen. Die abbildungsgeometrische Methode erlaubt, viele Eigenschaften der Verschiebung direkt aus denen der Achsenspiegelung zu gewinnen. Sie stellt insgesamt gesehen die einfachere Lösung dieses Problems dar.

2.3.4 Schubsymmetrie

In völliger Analogie zur Achsensymmetrie ist eine Figur genau dann **schubsymmetrisch**, wenn es eine Verschiebung gibt, welche die Figur auf sich selbst abbildet. Verschiebt man eine endlich ausgedehnte Figur, so deckt sie sich nicht mehr mit ihrem Urbild. Schubsymmetrische Figuren sind demnach stets unendlich ausgedehnt. Von schubsymmetrischen Figuren können wir nur Ausschnitte angeben. Solche Ausschnitte kommen beispielsweise in der dekorativen Kunst bei Bandornamenten vor. Fig. 2.59 zeigt ein Muster auf einer griechischen Vase. Fig. 2.60 stellt in stilisierter Form eine Rolle von Münzen dar. Italienische Bankiers des 16. Jahrhunderts nannten sie „un gruppo". Nach A. SPEISER lässt sich die historische Entwicklung des algebraischen Begriffs „Gruppe" bis auf diese Bedeutung zurückverfolgen [*].

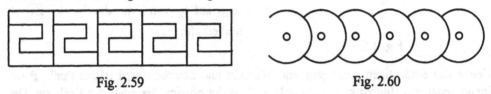

Fig. 2.59   Fig. 2.60

Die Beispiele zeigen, dass schubsymmetrische Figuren bei der Verschiebung um ein, zwei usw. Grundmuster auf sich selbst abgebildet werden, d.h. unendlich viele Verschiebungen als Deckabbildungen haben. Bandornamente können neben Verschiebungen auch Achsenspiegelungen und aus beiden zusammengesetzte Abbildungen als Deckabbildungen besitzen.

Übung 2.14: Geben Sie alle Deckabbildungen der vier Bandornamente in Fig. 2.61 an.

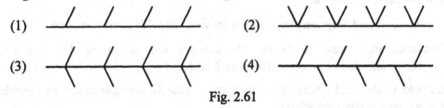

Fig. 2.61

Schubsymmetrische Figuren kommen auch bei Parkettierungen der Ebene vor. Am einfachsten sind dabei Parkettierungen mit regulären 3-, 4- und 6-Ecken zu überblicken. Fig. 2.62 zeigt Ausschnitte aus solchen Parketten.

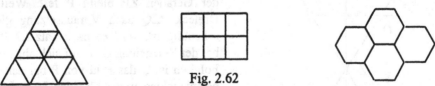

Fig. 2.62

Übung 2.15: Zeichnen Sie größere Ausschnitte dieser Parkette, kopieren Sie diese auf Transparentpapier und geben Sie mit dessen Hilfe Verschiebungen an, welche jeweils das gesamte Muster zur Deckung bringen.

---

[*] SPEISER, A. (1980): Die Theorie der Gruppen von endlicher Ordnung, S. 85.

2.4   Drehungen

2.4.1   Abbildungsvorschrift

Gegeben seien ein Punkt Z und ein positiv orientierter Winkel α mit $0 \le \alpha < 360°$. Z wird sich selbst zugeordnet. Zu einem von Z verschiedenen Punkt P konstruiert man dessen Bildpunkt P′ wie folgt (Fig. 2.63):

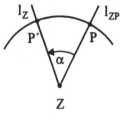

Fig. 2.63

- Zeichne die Halbgerade l_{ZP} ,

- trage an l_{ZP} in Z den Winkel α ab und erhalte dessen zweiten Schenkel l_Z ,

- trage auf l_Z von Z aus die Strecke $\overline{ZP}$ ab und erhalte P′.

Wegen des eindeutigen Abtragens von Winkeln und Strecken wird jedem Punkt P der Ebene genau ein Bildpunkt P′ zugeordnet. Z ist der einzige Fixpunkt der Drehung. Der Punkt P und sein Bild P′ liegen auf einem Kreis um Z. Wir bezeichnen diese Abbildung der Ebene auf sich als **Drehung** $D_{Z,\alpha}$ um das **Zentrum** Z mit dem **Drehwinkel** α. Eine Drehung ist durch Angabe ihres Zentrums und eines Punktepaares (P, P′) eindeutig bestimmt. Die **Nulldrehung** ist die identische Abbildung der Ebene auf sich. Der Grund für die Einschränkung auf Drehungen im positiven Sinn, d.h. auf die sogenannten Linksdrehungen, wird später ersichtlich.

2.4.2   Drehungen und Doppelspiegelungen an sich schneidenden Geraden

Der Zusammenhang zwischen diesen Abbildungen war schon in Abschnitt 2.2.2 (Fig. 2.37, S.37) angedeutet worden. Zu einer Drehung $D_{Z,\alpha}$, bei welcher ein Punkt P auf den Punkt Q abgebildet wird, kann man sofort eine Doppelspiegelung an Geraden durch Z angeben, die dasselbe leistet.

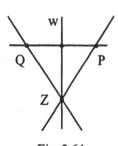

Fig. 2.64

In Fig. 2.64 sei w die Winkelhalbierende des Winkels $\alpha = \angle PZQ$. Bei der Spiegelung an der Geraden ZP bleibt P fest. Weil das Dreieck PZQ nach Voraussetzung gleichschenklig ist, wird es nach Satz 2.2 (S.26) bei der Spiegelung an w auf sich abgebildet. Folglich ist Q das Bild von P bei der Doppelspiegelung an den Geraden ZP und w. Da der Punkt Z bei jeder der beiden Spiegelungen auf sich abgebildet wird, bleibt er insgesamt fest.

Wir zeigen nun, dass beide Abbildungen gleich sind, d.h. dass sie zu jedem Punkt der Ebene den jeweils gleichen Bildpunkt liefern.

Aus der Abbildungsvorschrift für die Drehung ist ersichtlich, dass diese Abbildung umkehrbar ist. Die Umkehrabbildung der Dre-
hung $D_{Z,\alpha}$ ist wiederum eine Drehung um

Z. Beim Drehwinkel der Umkehrabbildung
ist auf die Orientierung zu achten. Die Umkehrabbildung der Linksdrehung $D_{Z,70°}$ ist

Fig. 2.65

die Linksdrehung $D_{Z,290°}$, nicht die Rechtsdrehung mit 70° um Z (Fig. 2.65).

Übung 2.16: Der Punkt P wird bei einer Drehung um 60° auf den Punkt Q abgebildet.
Konstruieren Sie das Zentrum Z der Drehung.

Übung 2.17: In Fig. 2.66 sind P, Q und R Punkte einer Geraden g. Z ist das Zentrum der
Drehung $D_{Z,60°}$. Konstruieren Sie die Bilder P′, Q′ und R′ der Punkte P, Q und R. Unter
welchem Winkel schneiden sich die Geraden PR und P′R′?

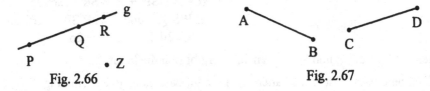

Fig. 2.66   Fig. 2.67

Übung 2.18: Zeigen Sie, dass es zu zwei Punkten A und B unendlich viele verschiedene
Drehungen gibt, welche A auf B abbilden. Geben Sie in Fig. 2.67 eine Drehung an, welche
die Strecke $\overline{AB}$ auf die gleich lange Strecke $\overline{CD}$ abbildet.

Die vorigen Konstruktionsaufgaben lassen bereits Eigenschaften von Drehungen vermuten:

- Das Bild einer Strecke ist eine gleich lange Strecke.
- Winkel werden auf gleich große Winkel abgebildet.
- Drehungen sind geradentreu.
- Eine Gerade und deren Bildgerade schließen einen Winkel ein, welcher gleich
  groß ist wie der Drehwinkel.
- Figuren werden auf deckungsgleiche Figuren abgebildet.

Drehungen kann man mittels Transparentpapierkopien konkretisieren. Man kopiert die
Figur auf Transparentpapier, fixiert den Drehpunkt Z mit einer Nadel, dreht das Transparentpapier und überträgt schließlich die Kopie auf die Zeichenunterlage. Wir werden diese Eigenschaften formal begründen, indem wir sie auf die Eigenschaften von Achsenspiegelungen zurückführen.

Übung 2.19: Spiegeln Sie in Fig. 2.68 das
Dreieck ABC zuerst an g und dann an h. Auf
welchen Linien liegen A, A′, A″, B, B′, B″?
Vergleichen Sie die Größen der Winkel α,
∠ APA″, ∠ BPB″ und ∠ CPC″.

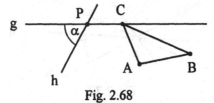

Fig. 2.68

Satz 2.9: Gegeben seien zwei Geraden g und h, welche sich unter dem Winkel α im Punkt S schneiden (Fig. 2.69). Dann ist die Doppelspiegelung $S_h \circ S_g$ eine Drehung um S mit dem Drehwinkel 2α.

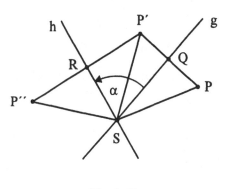

Fig. 2.69

Beweis: Der Schnittpunkt S bleibt bei S_g und S_h fest, d.h. auch bei $S_h \circ S_g$. S_g und S_h bilden Strecken auf gleich lange Strecken ab. Für einen von S verschiedenen Punkt P und dessen Bilder $P' = S_g(P)$ und $P'' = S_h \circ S_g(P)$ gilt demnach $l(\overline{SP}) = l(\overline{SP'}) = l(\overline{SP''})$. g und h schneiden sich unter dem Winkel $\alpha = \angle QSR$. Wegen $\alpha = \angle QSP' + \angle P'SR$ sowie $\angle PSQ = \angle P'SQ$ und $\angle P'SR = \angle P''SR$ folgt schließlich $\angle PSP'' = 2\alpha$. ∎

Fallen die Geraden g und h zusammen, so ergibt sich die Identität.

Zu Beginn dieses Abschnitts hatten wir gezeigt, dass es zu jeder Drehung $D_{Z,\alpha}$, welche den Punkt P auf den Punkt Q abbildet, eine Doppelspiegelung gibt, die ebenfalls P auf Q abbildet (Fig. 2.64). Nach Satz 2.9 ist die Doppelspiegelung eine Drehung. Da diese Drehung eindeutig bestimmt ist, sind beide Abbildungen gleich. Damit haben wir:

Satz 2.10: Zu jeder Drehung $D_{Z,\alpha}$ gibt es eine Doppelspiegelung $S_h \circ S_g$ mit $D_{Z,\alpha} = S_h \circ S_g$.

Die Geraden g und h sind durch $D_{Z,\alpha}$ nicht eindeutig bestimmt. Wir befinden uns hier in einer vergleichbaren Situation wie bei den Verschiebungen.

Satz 2.11: g_1, h_1, g_2, h_2 seien Geraden durch den Punkt Z. Die Winkel zwischen den Geraden g_1 und h_1 sowie zwischen g_2 und h_2 seien gleich groß und positiv orientiert (Fig. 2.70). Dann gilt $S_{h_1} \circ S_{g_1} = S_{h_2} \circ S_{g_2}$, d.h., die beiden Doppelspiegelungen stellen dieselbe Drehung um Z dar.

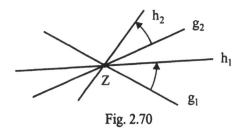

Fig. 2.70

Beweis: Sowohl $S_{h_1} \circ S_{g_1}$ als auch $S_{h_2} \circ S_{g_2}$ sind nach Satz 2.9 Drehungen mit Zentrum Z. Ihre Drehwinkel sind gleich groß und gleich orientiert. Folglich sind beide Abbildungen gleich. ∎

Bei Doppelspiegelungen an sich schneidenden Geraden spielt der Winkel zwischen den Geraden eine wichtige Rolle. Bisher ist allerdings noch nicht geklärt, was unter dem Winkel zwischen zwei Geraden g und h zu verstehen ist. Grob gesprochen ist dies folgender Winkel. Wir drehen g um den Schnittpunkt S von g und h im positiven Sinn, bis g das erste Mal mit h zusammenfällt (Fig. 2.71). Dieser Drehwinkel ist der Winkel zwischen g und h. Im Fall g = h ist dies der Nullwinkel.

Fig. 2.71   Fig. 2.72

Diese Vorstellung kann folgendermaßen präzisiert werden (Fig. 2.72). Der Schnittpunkt S von g und h zerlegt beide Geraden in Halbgeraden. g_S sei eine Halbgerade von g. Diese Halbgerade bildet mit den Halbgeraden h_1 und h_2 von h zwei positiv orientierte Winkel α und β, deren Größe sich um 180° unterscheidet. Der kleinere der beiden Winkel, in diesem Falle α, ist der Winkel zwischen g und h. Für diesen Winkel gilt $0° \leq \alpha < 180°$.

Übung 2.20: Beim Beweis des Satzes 2.9 sind bezüglich der Lage des Punktes P weitere Fälle zu untersuchen. Führen Sie die entsprechenden Schritte für die Punkte P_1, P_2 und P_3 durch (Fig. 2.73).

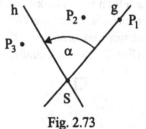

Fig. 2.73

Die folgende Plausibilitätsbetrachtung zeigt einen Zusammenhang zwischen Drehungen und Verschiebungen auf. Sie beruht darauf, dass sich sowohl Verschiebungen als auch Drehungen als Doppelspiegelungen darstellen lassen. Wir gehen von zwei sich schneidenden Geraden g und h aus und wählen darauf zwei Punkte P und Q, die spiegelbildlich zur Winkelhalbierenden von g und h liegen (Fig. 2.74).

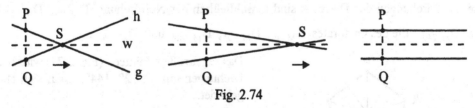

Fig. 2.74

$S_h \circ S_g$ ist eine Drehung um den Schnittpunkt S. Wenn man P und Q festhält und S schrittweise ins Unendliche verschiebt, gehen g und h in parallele Geraden über. In diesem Sinn kann man eine Verschiebung als eine Drehung um einen unendlich fernen Punkt auffassen.

2.4.3 Eigenschaften von Drehungen

Drehungen besitzen zunächst die Eigenschaften, die allen Verkettungen einer geraden Anzahl von Achsenspiegelungen zukommen. Drehungen

- sind geradentreu,
- bilden Halbgeraden auf Halbgeraden ab,
- bilden Winkel auf gleich große Winkel ab,
- bilden zueinander parallele (senkrechte) Geraden auf zueinander parallele (senkrechte) Geraden ab,
- bilden Strecken auf gleich lange Strecken ab,
- erhalten die Orientierung von Winkeln und den Umlaufsinn von Figuren (gleichsinnige Abbildungen).

Das Zentrum Z einer von der Nulldrehung verschiedenen Drehung ist ihr einziger Fixpunkt. Alle Kreise um Z werden auf sich abgebildet.

2.4.4 Drehsymmetrie

Eine Figur ist genau dann **drehsymmetrisch**, wenn es eine Drehung gibt, welche die Figur auf sich selbst abbildet. Dabei ist die Nulldrehung ausgeschlossen. Einfache Beispiele sind Strecken, die bei einer Halbdrehung um ihren Mittelpunkt auf sich fallen. Geraden werden bei einer Halbdrehung um einen beliebigen ihrer Punkte auf sich selbst abgebildet. Ein Kreis wird bei jeder Drehung um seinen Mittelpunkt auf sich abgebildet, er besitzt unendlich viele Deckdrehungen.

Drehsymmetrische Figuren erhält man durch fortgesetztes Drehen eines Musters um dasselbe Zentrum und um einen Winkel, welcher 360° teilt. Beispielsweise entsteht das Windrad (Fig. 2.75) durch fünfmaliges Drehen eines Flügels um 60°.

Fig. 2.75

Fig. 2.76

Zu den drehsymmetrischen Figuren gehören auch die regelmäßigen Vielecke. Sie werden durch Drehungen gleichschenkliger Dreiecke gewonnen. In Fig. 2.76 entsteht z.B. das gleichseitige Dreieck durch Drehungen um 120°, das Quadrat durch Drehungen um 90°. Die Deckdrehungen des Dreiecks sind einschließlich der Nulldrehung $D_{M,0°}$, $D_{M,120°}$ und $D_{M,240°}$, die des Quadrates $D_{M,0°}$, $D_{M,90°}$, $D_{M,180°}$ und $D_{M,270°}$.

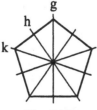

Fig. 2.77

Das regelmäßige Fünfeck (Fig. 2.77) wird bei Drehungen um 0°, 72°, 144°, ... auf sich abgebildet.

Dasselbe leisten die Doppelspiegelungen $S_g \circ S_g$, $S_h \circ S_g$, $S_k \circ S_g$ usw., d.h. die Doppelspiegelungen an den Symmetrieachsen des Fünfecks.

Die Eigenschaften von Drehungen werden bei Konstruktionen und beim Beweisen der Eigenschaften von Figuren benötigt. Dabei zeigt sich ein wesentlicher Vorteil der abbildungsgeometrischen Methode. Problemlösungen können mit dieser Methode auf konkrethandelndem, zeichnerisch-konstruktivem und formalem Niveau gefunden werden. Die Konkretisierung von Drehungen mit Hilfe von Transparentpapier kann dazu beitragen, einen Lösungsansatz zu entdecken.

Beispiel 2.5: Gegeben sind ein Kreis mit Mittelpunkt M und Radius 3cm sowie ein Punkt P innerhalb des Kreises. Durch P ist eine Sehne der Länge 5cm zu legen.

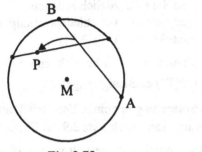
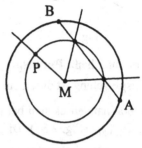

Fig. 2.78   Fig. 2.79

Durch Abtragen mittels eines Zirkels kann man zwar eine 5cm lange Sehne $\overline{AB}$ zeichnen, diese wird aber i.allg. nicht durch P gehen (Fig. 2.78). Die gesuchte Sehne lässt sich mit Hilfe von Transparentpapier ermitteln. Man kopiert Kreis und Sehne auf Transparentpapier, dreht dieses um M, bis die Kopie der Sehne durch P geht, und überträgt diese Sehne z.B. mittels Durchstechen auf die Ausgangsfigur (Fig. 2.78). Kopiert man P auf das Transparentpapier und dreht dieses zurück, so bewegt sich P auf einem Kreis um M. Daraus ergibt sich unmittelbar ein Ansatz für die konstruktive Lösung (Fig. 2.79).

Übung 2.21: Konstruieren Sie die gesuchte Sehne und geben Sie Bedingungen an, unter denen die Aufgabe keine, eine oder zwei Lösungen hat.

Dreht man ein gleichseitiges Dreieck ABC um die Ecke A um 60°, so fällt B' auf C (Fig. 2.80). Für die anderen Ecken gilt das Analoge.

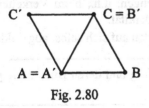
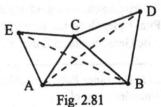

Fig. 2.80   Fig. 2.81

Übung 2.22: Zeichnen Sie über den Seiten $\overline{AC}$ und $\overline{BC}$ eines Dreiecks ABC gleichseitige Dreiecke ACE und BDC (Fig. 2.81). Zeigen Sie, dass l($\overline{AD}$) = l($\overline{BE}$).
Hinweis: Kopieren Sie die Figur auf Transparentpapier und drehen Sie dieses um C.

Mit Hilfe von Transparentpapier kann man auch prüfen, ob eine Figur drehsymmetrisch ist. Man kopiert die Figur einschließlich des vermuteten Drehzentrums Z auf Transparentpapier. Lassen sich die Figur und ihre Kopie durch eine Drehung um Z zur Deckung bringen, so ist die Figur drehsymmetrisch.

2.5   Punktspiegelungen

2.5.1   Abbildungsvorschrift

Wir gehen von einem Punkt Z aus. Z wird auf sich selbst abgebildet. Das Bild P′ eines von Z verschiedenen Punktes P erhält man folgendermaßen:

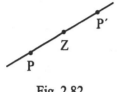

Fig. 2.82

- Zeichne die Gerade ZP,
- trage auf ZP von Z aus die Strecke $\overline{ZP}$ so ab, dass P und die Strecke auf verschiedenen Seiten bezüglich Z liegen,
- der von Z verschiedene Endpunkt der Strecke ist P′ (Fig. 2.82).

Diese Abbildung heißt **Punktspiegelung** mit **Zentrum** Z. Wir bezeichnen sie durch P_Z. Eine Punktspiegelung ist durch ein Punktepaar (P, P′) eindeutig festgelegt.

Offensichtlich handelt es sich bei einer Punktspiegelung um einen Sonderfall einer Drehung, um $D_{Z,180°}$ (Fig. 2.83). Diese Halbdrehung kann nach Satz 2.9 als Doppelspiegelung an zueinander senkrechten Geraden g und h durch Z dargestellt werden (Fig. 2.84). Nach Satz 2.11 kommt dafür jedes Paar orthogonaler Geraden durch Z in Frage.

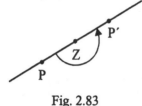

Fig. 2.83

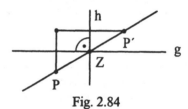

Fig. 2.84

2.5.2   Eigenschaften der Punktspiegelung

Punktspiegelungen besitzen zunächst die gleichen Eigenschaften wie Drehungen (Abschnitt 2.4.3). Darüber hinaus gilt:

- Punktspiegelungen sind involutorische Abbildungen, d.h., beim Verketten einer Punktspiegelung mit sich selbst ergibt sich die Identität.
- Alle Geraden durch Z und alle Kreise um Z werden auf sich selbst abgebildet.

> **Satz 2.12:** Bei einer Punktspiegelung sind eine Gerade g und deren Bildgerade g′ zueinander parallel.

Beweis: Geht die Gerade durch Z, so ist sie Fixgerade und zu sich parallel.

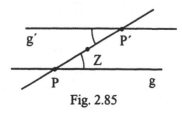

Fig. 2.85

Andernfalls sei P ein Punkt auf g und P′ dessen Bildpunkt (Fig. 2.85). g′ geht durch P′. Die Winkel zwischen g und PP′ sowie dessen Bild, der Winkel zwischen g′ und PP′, sind gleich groß. Folglich ist g parallel zu g′. ∎

Punktspiegelungen werden auf Grund ihrer einfachen Abbildungsvorschrift als eigenständige Abbildungen behandelt. Die Bezeichnung Punktspiegelung ist darauf zurückzuführen, dass sich Punkt und Bildpunkt bezüglich des Zentrums Z genau gegenüber liegen. Das Abbilden von Punkten geschieht mit Hilfe von Zirkel und Lineal oder besonders einfach mit dem Geodreieck.

Übung 2.23: g und h seien zueinander senkrechte Geraden mit Schnittpunkt Z. Zeigen Sie, dass $S_h \circ S_g = S_g \circ S_h = P_Z$.

Mittendreiecke

g und h seien parallele Geraden, m ihre Mittelparallele. A und B seien Punkte auf g und h. M sei der Schnittpunkt von AB und m (Fig. 2.86). Bei der Punktspiegelung an M werden C und D sowie g und h aufeinander abgebildet. Die Gerade k wird auf sich selbst abgebildet. Der Schnittpunkt A von g und k wird demnach auf den Schnittpunkt B

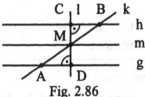

Fig. 2.86

der Bildgeraden h und k abgebildet. Daher ist $l(\overline{AM}) = l(\overline{BM})$. Die Mittelparallele m halbiert alle Strecken, deren Endpunkte auf g und h liegen. Von dieser Aussage gilt auch folgende Umkehrung.

Übung 2.24: Ist A ein Punkt auf der Geraden g, B ein Punkt auf der zu g parallelen Geraden h und M der Mittelpunkt von $\overline{AB}$, dann liegt M auf der Mittelparallelen von g und h.

Folgerung 2.6: A und B seien Punkte auf zwei Parallelen g bzw. h (Fig. 2.87). Der Punkt M der Strecke $\overline{AB}$ ist genau dann ihr Mittelpunkt, wenn er auf der Mittelparallelen m von g und h liegt.

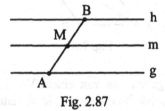

Fig. 2.87

ABC sei ein Dreieck und g die Parallele durch C zu AB. Verbindet man die Seitenmittelpunkte M_a, M_b und M_c (Fig. 2.88), so erhält man das **Mittendreieck**. Die Gerade M_aM_b ist nach Übung 2.24 die Mittenparallele von g und AB. Für M_aM_c und AC bzw. M_bM_c und BC gilt das Analoge.

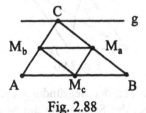

Fig. 2.88

Übung 2.25: Zeigen Sie, dass die Seiten des Dreiecks ABC doppelt so lang sind wie die jeweils dazu parallelen Seiten des Mittendreiecks $M_a M_b M_c$.

Übung 2.26: Spiegeln Sie ein Dreieck ABC nacheinander an seinen Seitenmitten M_a, M_b und M_c. Welche Eigenschaften hat das dabei entstehende Vieleck?

2.5.3 Punktsymmetrie

Eine Figur ist genau dann **punktsymmetrisch**, wenn es eine Punktspiegelung gibt, welche die Figur auf sich abbildet. Die Punktsymmetrie hat zwei Aspekte, welche am Beispiel einer punktsymmetrischen Spielkarte erkennbar sind. Erstens fallen solche Figuren auf, weil sie einen „Mittelpunkt" besitzen. Zu jedem Punkt der Figur gibt es einen weiteren, der diesem bezüglich dieses Mittelpunktes genau gegenüber liegt. Zweitens zerlegt jede Gerade durch den Mittelpunkt die Figur in zwei Hälften, die durch eine Halbdrehung zur Deckung gebracht werden können.

Mit Hilfe der Punktspiegelung und der Punktsymmetrie ergeben sich weitere Aussagen über Figuren.

Satz 2.13: Ein Viereck ist genau dann ein Parallelogramm, wenn sich die Diagonalen halbieren.

Begründung:

1. Wir setzen voraus, daß das Viereck ein Parallelogramm ist, und zeigen, daß sich die Diagonalen halbieren (Fig. 2.89).

M sei der Mittelpunkt der Diagonalen $\overline{AC}$. P_M bildet A auf C ab. Das Bild der Geraden AB geht durch C und ist nach Satz 2.12 parallel zu AB, fällt also mit CD zusammen. Genauso folgt, daß BC bei P_M auf AD abgebildet wird. Der Schnittpunkt B von AB und BC wird auf den Schnittpunkt D der Bildgeraden AD und CD abgebildet. Die Diagonale $\overline{BD}$ geht durch M und wird durch M halbiert.

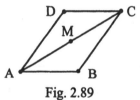

Fig. 2.89

2. Wir gehen nun von einem Viereck aus, dessen Diagonalen einander halbieren, und folgern, daß die Paare von Gegenseiten zueinander parallel sind (Fig. 2.90).

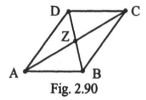

Fig. 2.90

Da $\overline{AZ}$ und $\overline{ZC}$ bzw. $\overline{BZ}$ und $\overline{ZD}$ jeweils gleich lang sind, wird das Viereck ABCD bei der Spiegelung an Z auf sich abgebildet. Mit Satz 2.12 (S.52) folgt daraus die Parallelität der Gegenseiten.   ∎

Im ersten Teil der Begründung von Satz 2.13 wurde zugleich gezeigt, daß ein Parallelogramm bei der Spiegelung am Mittelpunkt seiner Diagonalen auf sich abgebildet wird, d.h. punktsymmetrisch ist. Ist umgekehrt ein Viereck punktsymmetrisch, so werden die Diagonalen durch die Punktspiegelung an ihrem Schnittpunkt auf sich abgebildet und halbieren einander. Nach Satz 2.13 ist das Viereck ein Parallelogramm.

Folgerung 2.7: Ein Viereck ist genau dann ein Parallelogramm, wenn es punktsymmetrisch ist.

Nach Folgerung 2.4 (S.40) sind die Gegenseiten eines Parallelogramms paarweise gleich lang. Auch die Umkehrung dieser Aussage ist richtig. Ihre Begründung liefert ein Beispiel für den Einsatz einer Punktspiegelung in Form einer Doppelspiegelung.

Beispiel 2.6: Sind die Gegenseiten eines Vierecks paarweise gleich lang, so ist es ein Parallelogramm.

In Fig. 2.91 sei $l(\overline{AD}) = l(\overline{BC})$ und $l(\overline{AB}) = l(\overline{CD})$. g sei die Mittelsenkrechte von $\overline{AC}$, h die Gerade durch A und C. Wir zeigen nun, dass das Viereck ABCD durch $S_h \circ S_g$ auf sich abgebildet wird. Dann ist ABCD punktsymmetrisch, d.h. ein Parallelogramm.

Bei der Spiegelung an g wird das Viereck ABCD auf das Viereck CB'AD' abgebildet. Wegen der Längentreue und der Voraussetzungen sind $\overline{AB}$ und $\overline{AD'}$ sowie $\overline{BC}$ und $\overline{CD'}$ gleich lang, d.h., das Viereck ABCD' ist ein Drachenviereck. B und D' liegen spiegelbildlich bezüglich h. Dasselbe gilt für D und B'. Daher wird das Viereck CB'AD' durch die Spiegelung an h auf das Viereck CDAB, d.h. auf ABCD abgebildet.

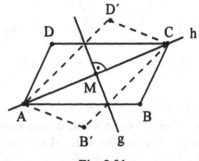

Fig. 2.91

Bei dieser Argumentation wird ein Nachteil der abbildungsgeometrischen Methode erkennbar. Es ist nicht immer einfach, die Symmetrie einer Figur nachzuweisen, d.h. eine von der Identität verschiedene Abbildung zu finden, welche die Figur auf sich abbildet. Auf dieses grundsätzliche Problem kommen wir später zurück.

Wegen der Punktsymmetrie des Parallelogramms sind seine gegenüberliegenden Innenwinkel gleich groß. Ferner ist jedes Paar von Gegenseiten parallel und gleich lang. Beide Aussagen sind umkehrbar.

Übung 2.27: Zeigen Sie, dass ein Viereck ein Parallelogramm ist, wenn

a. beide Paare gegenüberliegende Innenwinkel gleich groß sind,
b. zwei Gegenseiten parallel und gleich lang sind.

Zusammenfassend haben wir damit eine ganze Reihe von Kennzeichnungen des Begriffs Parallelogramm gewonnen. Wir gehen davon aus, dass ein Viereck genau dann ein Parallelogramm ist, wenn seine Gegenseiten paarweise parallel sind. Dazu gleichwertig sind die Aussagen:

Ein Viereck ist genau dann ein Parallelogramm, wenn

1. beide Paare gegenüberliegende Seiten gleich lang sind,
2. sich die Diagonalen halbieren,
3. es punktsymmetrisch ist,
4. beide Paare gegenüberliegende Innenwinkel gleich groß sind,
5. zwei Gegenseiten parallel und gleich lang sind.

2.6 Schubspiegelungen

2.6.1 Verketten von drei Achsenspiegelungen

Das Verketten von zwei Achsenspiegelungen liefert entweder die Identität, eine Verschiebung oder eine Drehung. Wir werden nun untersuchen, ob die Hinzunahme einer weiteren Spiegelung beim Verketten zu neuen Abbildungstypen führt. An einige Ergebnisse aus vorhergehenden Abschnitten, die für das Folgende wichtig sind, wird auf der gegenüberliegenden Seite erinnert.

Bezüglich der Lage von drei Achsen sind folgende Fälle zu unterscheiden (Fig. 2.92):

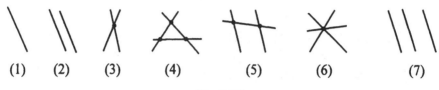

Fig. 2.92

Im Fall (1) fallen alle drei Achsen zusammen. Bei (2) fallen zwei Achsen zusammen, die dritte schneidet diese nicht. Beides sind Sonderfälle von (7), bei dem die Achsen paarweise parallel sind. Im Fall (3) sind zwei Achsen identisch, die dritte schneidet diese in einem Punkt. Dies ist ein Sonderfall von (6), bei dem alle drei Achsen durch einen Punkt gehen. Den Fall (4) werden wir auf den Fall (5) zurückführen, bei dem zwei parallele Achsen von einer dritten geschnitten werden.

Die Fälle (7) und (6) sind besonders einfach zu behandeln.

Zu (7): Die drei Achsen g, h und k seien wie in Fig. 2.93 angeordnet.

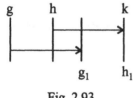

Fig. 2.93

Auf g und h wird die Verschiebung angewandt, die h auf k abbildet. $h_1 = k$ ist das Bild von h, g_1 das von g. Dann ist:

$$S_k \circ S_h \circ S_g = S_k \circ S_{h_1} \circ S_{g_1} = Id \circ S_{g_1} = S_{g_1}$$

Insgesamt ergibt die Verkettung der drei Spiegelungen die Spiegelung an g_1.

Zu (6): Hier gehen wir völlig analog zum vorigen Fall vor.

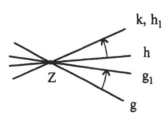

Fig. 2.94

Auf g und h wird die Drehung um Z angewandt, die h auf k abbildet. Mit $h_1 = k$ als Bild von h und g_1 als Bild von g erhalten wir (Fig. 2.94):

$$S_k \circ S_h \circ S_g = S_k \circ S_{h_1} \circ S_{g_1} = Id \circ S_{g_1} = S_{g_1}$$

Als Resultat der Verkettung ergibt sich die Achsenspiegelung an g_1.

Zur Untersuchung der einzelnen Fälle benötigen wir folgende Resultate aus den Abschnitten 2.3 bis 2.5:

- Jede Doppelspiegelung an einer Geraden ist die Identität.
- Sind g und h zueinander senkrechte Geraden, so ist $S_h \circ S_g = S_g \circ S_h$.
- g_1, h_1, g_2, h_2 seien paarweise parallele Geraden. Die Doppelspiegelungen (Verschiebungen) $S_{h_1} \circ S_{g_1}$ und $S_{h_2} \circ S_{g_2}$ sind gleich, wenn es eine Verschiebung gibt, welche g_1 auf g_2 und h_1 auf h_2 abbildet (Fig. 2.95).
- g_1, h_1, g_2, h_2 seien Geraden durch den Punkt Z. Die Doppelspiegelungen (Drehungen) $S_{h_1} \circ S_{g_1}$ und $S_{h_2} \circ S_{g_2}$ sind gleich, wenn es eine Drehung um Z gibt, welche g_1 auf g_2 und h_1 auf h_2 abbildet (Fig. 2.96).

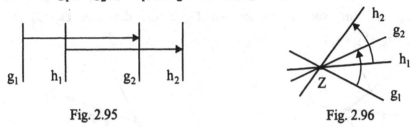

Fig. 2.95   Fig. 2.96

Sind wie in Fig. 2.93 die Geraden g, h und k gegeben, so kann man die Achse g_1 der resultierenden Spiegelung auch folgendermaßen erhalten. Man spiegelt einen Punkt $P \in g$ an den drei Geraden und erhält P''' (Fig. 2.97). Die Achse g_1 der Spiegelung, die P auf P''' abbildet, ist die Mittelsenkrechte von $\overline{PP'''}$.

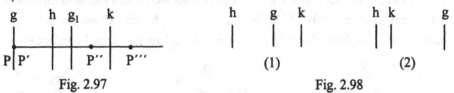

Fig. 2.97   Fig. 2.98

Übung 2.28: Konstruieren Sie zu den beiden in Fig. 2.98 skizzierten Dreifachspiegelungen $S_k \circ S_h \circ S_g$ die Achse der resultierenden Spiegelung.

Übung 2.29: Spiegeln Sie in Fig. 2.99 den Punkt P an g, h und k. Konstruieren Sie die Achse der resultierenden Spiegelung. Verfahren Sie analog mit der in Fig. 2.100 skizzierten Dreifachspiegelung.

Fig. 2.99   Fig. 2.100

Übung 2.30: Bearbeiten Sie die Übung 2.29 für den Fall, dass die Geraden g und h unverändert bleiben und k mit g zusammenfällt.

Die in den Fällen (6) und (7) jeweils resultierende Geradenspiegelung S_{g_l} ist auf Grund ihrer Konstruktion eindeutig bestimmt. Dieses Ergebnis fasst man im **Dreispiegelungs-satz** zusammen:

Satz 2.14: Zu drei Spiegelungen an Geraden g, h und k, die entweder paarweise parallel sind oder durch einen Punkt gehen, gibt es genau eine Spiegelung an einer
Geraden l, so dass $S_k \circ S_h \circ S_g = S_l$ gilt.

Zu (4): Diesen Fall führen wir auf den Fall (5) zurück. Zur Vereinfachung der Ausdrucksweise verabreden wir, unter dem Drehen (Verschieben) zweier Geraden deren Abbildung durch die gleiche Drehung (Verschiebung) zu verstehen. In Fig. 2.101 drehen
wir die Geraden h und k so um ihren Schnittpunkt P, dass das Bild k_1 von k parallel zu g
ist. Mit h_1 als Bild von h erhalten wir Fig. 2.102, d.h. den Fall (5). Es ist
$S_k \circ S_h \circ S_g = S_{k_1} \circ S_{h_1} \circ S_g$.

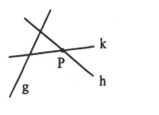

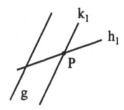

Fig. 2.101   Fig. 2.102

Zu (5): In Fig. 2.103 drehen wir g und h um Q, bis sich k und das Bild h_1 von h senkrecht schneiden (Fig. 2.104). Nun drehen wir k und h_1 um R, bis das Bild k_1 von k
senkrecht zu g_1 ist, bzw. das Bild h_2 von h_1 parallel zu g_1 ist, und erhalten Fig. 2.105.

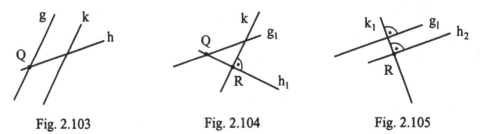

Fig. 2.103   Fig. 2.104   Fig. 2.105

Insgesamt ergibt sich $S_k \circ S_h \circ S_g = S_k \circ S_{h_1} \circ S_{g_1} = S_{k_1} \circ S_{h_2} \circ S_{g_1}$. Diese Abbildung setzt
sich zusammen aus einer Verschiebung $S_{h_2} \circ S_{g_1}$ in Richtung von k_1 und einer Spiege-
lung an k_1. Man bezeichnet sie daher als **Schubspiegelung**.

Als Gesamtergebnis halten wir fest: Das Verketten dreier Achsenspiegelungen liefert
entweder eine Achsenspiegelung (Fall 1, 2, 3, 6 und 7) oder eine Schubspiegelung (Fall 4
und 5).

Verkettung einer Verschiebung oder einer Drehung mit einer Achsenspiegelung

Die Klassifikation der Dreifachspiegelungen liefert zugleich Aussagen über die Verkettung von Verschiebungen bzw. Drehungen mit Achsenspiegelungen. Geht man direkt von den Abbildungsvorschriften der einzelnen Abbildungen aus, so ist beispielsweise das Ergebnis der Verkettung einer Drehung und einer Achsenspiegelung nicht unmittelbar ersichtlich. Bei solchen Problemen zeigt sich ein Vorteil der abbildungsgeometrischen Methode. Sie ermöglicht, diese Fragen mit Hilfe der Verkettung von Achsenspiegelungen in einfacher Weise zu beantworten.

Beispiel 2.7: Führt man erst eine Achsenspiegelung S und dann eine Verschiebung V aus, deren Richtung senkrecht zur Achse von S ist, so erhält man eine Achsenspiegelung.

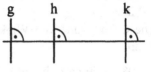

Fig. 2.106

g sei die Achse der Spiegelung. Die Verschiebung senkrecht zu g stellen wir als Doppelspiegelung an den parallelen Geraden h und k dar (Fig. 2.106). Nach dem Dreispiegelungssatz gibt es eine Gerade l, so dass $(S_k \circ S_h) \circ S_g = S_l$.

Das Analoge gilt, wenn man erst eine Verschiebung und anschließend eine Achsenspiegelung ausführt, deren Achse senkrecht zur Schubrichtung ist.

Übung 2.31: Zeigen Sie, dass das Hintereinanderausführen einer Verschiebung und einer Achsenspiegelung, deren Achse zur Schubrichtung nicht senkrecht ist, eine Schubspiegelung ergibt.
Hinweis: Stellen Sie die Verschiebung durch eine Doppelspiegelung an parallelen Geraden g und h dar, die von der Achse k der Spiegelung geschnitten werden. Führen Sie diesen Fall auf den Fall (5) zurück (Fig. 2.103).

Der zweite Teil des Dreispiegelungssatzes liefert die entsprechende Aussage über die Verkettung einer Drehung und einer Geradenspiegelung.

Übung 2.32: Zeigen Sie, dass die Verkettung einer Drehung mit einer Achsenspiegelung, deren Achse durch das Zentrum der Drehung geht, eine Achsenspiegelung ergibt.

Beispiel 2.8: Das Hintereinanderausführen einer Drehung und einer Spiegelung, deren Achse nicht durch das Zentrum der Drehung geht, ergibt eine Schubspiegelung.

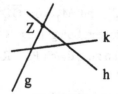

Fig. 2.107

Die Drehung mit Zentrum Z wird als Doppelspiegelung an den Geraden g und h dargestellt. k ist die Achse der Spiegelung (Fig. 2.107). Nach den Ausführungen zu den Fällen (4) und (5) ist $S_k \circ (S_h \circ S_g)$ eine Schubspiegelung.

Übung 2.33: Zeigen Sie, dass sich bei Vertauschung der Drehung und der Spiegelung in Beispiel 2.8 ebenfalls eine Schubspiegelung ergibt.

2.6.2 Schubspiegelungen

Schubspiegelungen stellen wegen ihrer Zusammensetzung aus einer Verschiebung und einer Achsenspiegelung keinen wesentlich neuen Abbildungstyp dar. Ist die zur Schubspiegelung gehörige Verschiebung nicht die Identität, so besitzt die Schubspiegelung folgende Eigenschaften:

- Eine Schubspiegelungen hat keinen Fixpunkt.
- Die Achse der zugehörigen Spiegelung ist die einzige Fixgerade.
- Geraden, die parallel zur Schubrichtung sind, werden auf ebensolche Geraden abgebildet.
- Die Orientierung von Winkeln und der Umlaufsinn von Figuren werden umgekehrt.

In Fig. 2.108 ist durch g, h und k die Schubspiegelung $SCH = S_k \circ S_h \circ S_g$ gegeben. Da Achsenspiegelungen an zwei zueinander senkrechten Achsen vertauschbar sind, ist $S_k \circ S_h \circ S_g = S_h \circ S_k \circ S_g = S_h \circ S_g \circ S_k$. Die Verschiebung $S_h \circ S_g$ ist vertauschbar mit der Achsenspiegelung S_k an k. Wir setzen $Q = S_h \circ S_g(P)$, $R = S_k \circ S_h \circ S_g(P)$ und $S = S_k(P)$. P, Q, R und S sind dann die Ecken eines Rechtecks. k ist die Mittelsenkrechte von PQ und SR. Folglich halbiert k die Diagonale $\overline{PR}$ in M. Die Mittelpunkte aller Verbindungsstrecken von Punkten und deren Bildpunkten liegen auf der Spiegelachse der Schubspiegelung.

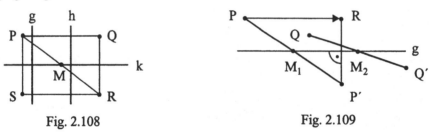

Fig. 2.108   Fig. 2.109

Eine Schubspiegelung ist durch die Angabe von zwei Punkten P und Q sowie von deren Bildpunkten P′ und Q′ festgelegt (Fig. 2.109). g sei die Gerade durch die Mittelpunkte M_1 von $\overline{PP'}$ und M_2 von $\overline{QQ'}$. g ist nach dem Vorigen die Achse der zur Schubspiegelung gehörigen Spiegelung. R sei der Schnittpunkt der Senkrechten zu g durch P′ und der Parallelen zu g durch P. $\overrightarrow{PR}$ gibt die Richtung und den Betrag der zugehörigen Verschiebung an.

Schubspiegelsymmetrie

Eine Figur ist genau dann **schubspiegelsymmetrisch**, wenn es eine Schubspiegelung gibt, welche die Figur auf sich abbildet. Da Schubspiegelungen keine Fixpunkte haben, sind schubspiegelsymmetrische Figuren wie die schubsymmetrischen Figuren unendlich ausgedehnt. Beispiele für Ausschnitte aus schubspiegelsymmetrischen Figuren sind die Bandornamente 3 und 4 in Fig. 2.61 (S.45).

Übung 2.34: Zeigen Sie, dass Schubspiegelungen umkehrbare Abbildungen sind und dass die Umkehrung einer Schubspiegelung wiederum eine Schubspiegelung ist.

Übung 2.35: Erläutern Sie, warum man eine Achsenspiegelung als Sonderfall einer Schubspiegelung auffassen kann.

Übung 2.36: Gegeben seien die Verschiebung V_{PQ} (Drehung $D_{P,60°}$) und die Spiegelung an g (Fig. 2.110). Konstruieren Sie drei Geraden h, k und l so, dass h parallel zu k ist, k senkrecht zu l ist und dass $S_g \circ V_{PQ} = S_l \circ S_k \circ S_h$ ($S_g \circ D_{P,60°} = S_l \circ S_k \circ S_h$) ist.

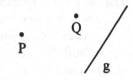

Fig. 2.110

Hinweis: Konstruieren Sie das Bild P′ von P und das Bild R′ eines weiteren Punktes R bei $S_g \circ V_{PQ}$ und benutzen Sie das in Fig. 2.109 skizzierte Verfahren (vgl. auch Übung 2.31, S.59).

Übung 2.37: Fig. 2.111 stellt zwei gegensinnig orientierte Dreiecke dar, deren entsprechende Seiten gleich lang sind. Zeigen Sie, dass es eine Schubspiegelung gibt, welche das Dreieck ABC auf das Dreieck A′B′C′ abbildet.

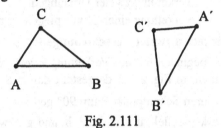

Fig. 2.111

Bei der Diskussion des Falles (5) im vorigen Abschnitt hatten wir ohne besonders darauf hinzuweisen eine Schubspiegelung als Verkettung einer Punktspiegelung und einer Achsenspiegelung erhalten (Fig. 2.104, S.58). Wir verdeutlichen dies noch einmal an der Schubspiegelung $SCH = S_k \circ S_h \circ S_g$ (Fig. 2.112). Da die Achsen h und k zueinander senkrecht sind, ist $S_k \circ S_h$ eine Punktspiegelung P_Z am Schnittpunkt Z von h und k (Fig. 2.113). Damit erhalten wir $SCH = S_k \circ S_h \circ S_g = P_Z \circ S_g$ wie behauptet.

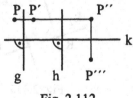

Fig. 2.112

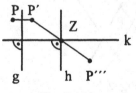

Fig. 2.113

Übung 2.38: Zeigen Sie, dass man jede Schubspiegelung als Verkettung einer Punktspiegelung und einer Achsenspiegelung darstellen kann.

Übung 2.39: Ergänzen Sie Fig. 2.114 so, dass sie einen Ausschnitt aus einem schubspiegelsymmetrischen Bandornament darstellt.

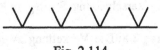

Fig. 2.114

2.7 Gruppe der Kongruenzabbildungen

2.7.1 Verketten von vier Achsenspiegelungen

Wir beschränken uns auf die Untersuchung der Fälle, in denen die vier Achsen g, h, k und l paarweise verschieden sind. Alle weiteren Fälle sind Sonderfälle, die analog zu behandeln sind. Wegen der Assoziativität kann die Verkettung von vier Achsenspiegelungen als Verkettung einer Dreifachspiegelung und einer Achsenspiegelung oder zweier Doppelspiegelungen angesehen werden. Die Dreifachspiegelung ergibt nach dem Vorigen entweder eine Schubspiegelung oder eine Achsenspiegelung. Ergibt sich eine Achsenspiegelung, so läuft die Verkettung der vier Achsenspiegelungen auf eine Doppelspiegelung hinaus. Die zwei Doppelspiegelungen sind entweder Verschiebungen oder Drehungen. Insgesamt bleiben vier Fälle:

- Verkettung zweier Verschiebungen,
- Verkettung einer Verschiebung mit einer Drehung oder umgekehrt,
- Verkettung zweier Drehungen,
- Verkettung einer Schubspiegelung mit einer Achsenspiegelung oder umgekehrt.

Verketten zweier Verschiebungen

Wir beginnen mit der Verkettung zweier Verschiebungen mit nicht parallelen Schubrichtungen, in Fig. 2.115 dargestellt durch $S_h \circ S_g$ und $S_l \circ S_k$. Die Achsen h und k werden um ihren Schnittpunkt P um 90° gedreht. Ihre Bilder sind h_1 und k_1. Da h parallel zu g und k parallel zu l ist, sind h_1 und g bzw. k_1 und l senkrecht zueinander (Fig. 2.116). Schließlich drehen wir g und h_1 um Q und k_1 und l um R so, dass die Bilder h_2 von h_1 und k_2 von k_1 zusammenfallen (Fig. 2.117). Damit ergibt sich $S_l \circ S_k \circ S_h \circ S_g = S_l \circ S_{k_1} \circ S_{h_1} \circ S_g = S_{l_1} \circ S_{k_2} \circ S_{h_2} \circ S_{g_1} = S_{l_1} \circ Id \circ S_{g_1} = S_{l_1} \circ S_{g_1}$. Da g_1 und l_1 zueinander parallel sind, handelt es sich um eine Verschiebung in Richtung QR. Der Betrag der Verschiebung ist gleich dem doppelten Abstand der Achsen g_1 und l_1.

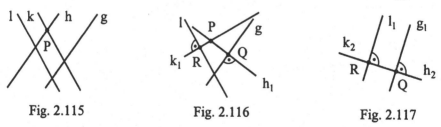

Fig. 2.115   Fig. 2.116   Fig. 2.117

Den Übergang von Fig. 2.116 zu Fig. 2.117 können wir im Vorgriff auf die Verkettung zweier Drehungen - hier zweier Halbdrehungen bzw. zweier Punktspiegelungen - interpretieren. Die Verkettung der beiden Punktspiegelungen $P_Q = S_{h_1} \circ S_g$ und $P_R = S_l \circ S_{k_1}$ ergibt die Verschiebung $S_{l_1} \circ S_{g_1}$ in Richtung h_2.

Folgerung 2.8: Die Verkettung zweier Punktspiegelungen ergibt eine Verschiebung in Richtung der Verbindungsgeraden ihrer Zentren.

Bei der Verkettung von drei Achsenspiegelungen hatten wir uns an der gegenseitigen Lage der Achsen orientiert (Fig. 2.92, S.56). Genau so können wir bei der Verkettung von vier Achsenspiegelungen vorgehen. Wir beschränken uns auf die Fälle, in denen die Achsen paarweise verschieden sind. Fig. 2.118 (1, 2, 3, 4) zeigt die Fälle, in denen zueinander parallele Geraden vorkommen. Sind keine zwei der Achsen zueinander parallel, so liegt einer der Fälle (5, 6, 7) vor.

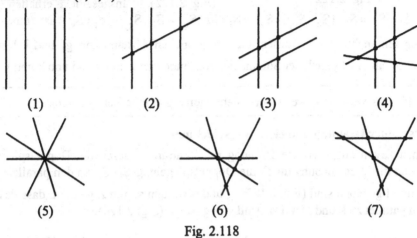

(1)　　　　　(2)　　　　　(3)　　　　　(4)

(5)　　　　　　　　(6)　　　　　　　　(7)

Fig. 2.118

Diese Klassifikation werden wir hier nicht zu Grunde legen, weil die Figuren völlig unterschiedlich interpretiert werden können. Beispielsweise kann (3) als Verkettung zweier Verschiebungen interpretiert werden (vgl. Figur 2.115). Genau so kann (3) eine Verkettung zweier Drehungen mit den Zentren P und Q darstellen (Fig. 2.119).

Fig. 2.119

Übung 2.40: Welche Fälle in Fig. 2.118 können als Verkettung zweier Verschiebungen, einer Verschiebung und einer Drehung (oder umgekehrt), zweier Drehungen interpretiert werden?

In Fig. 2.120 sei S das Urbild von P bei der Verschiebung $S_h \circ S_g$ und T das Bild von P bei der Verschiebung $S_l \circ S_k$. S wird beim Hintereinanderausführen der beiden Verschiebungen zuerst auf P und dann auf T abgebildet.

Fig. 2.120　　　　　　　　　Fig. 2.121

Für das Verketten zweier Verschiebungen V_{AB} und V_{BC}, die durch die Punktepaare (A,B) und (B,C) gegeben sind, gilt demnach $V_{BC} \circ V_{AB} = V_{AC}$ (Fig. 2.121).

Wir haben noch den Fall zu klären, bei dem die Schubrichtungen der beiden Verschie-

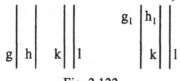

Fig. 2.122

bungen $S_h \circ S_g$ und $S_1 \circ S_k$ zusammenfallen. In diesem Fall sind die Achsen g, h, k
und 1 paarweise parallel. Wir verschieben g
und h so, dass das Bild h_1 von h auf k fällt
(Fig. 2.122). Insgesamt erhalten wir
$S_1 \circ S_k \circ S_h \circ S_g = S_1 \circ (S_k \circ S_{h_1}) \circ S_{g_1} = S_1 \circ \text{Id} \circ S_{g_1} = S_1 \circ S_{g_1}$. $S_1 \circ S_{g_1}$ ist eine Verschiebung senkrecht zu den Achsen um den doppelten Abstand von g_1 und 1. Der Ab-
stand von g_1 und 1 ist gleich der Summe der Abstände von g und h und von k und 1.

Satz 2.15: Das Verketten zweier Verschiebungen ergibt eine Verschiebung.

Verketten einer Drehung und einer Verschiebung

Wir gehen davon aus, dass die Drehung mit Zentrum Z durch die Doppelspiegelung
$S_h \circ S_g$ und die Verschiebung durch die Doppelspiegelung $S_1 \circ S_k$ an den parallelen Geraden k und 1 gegeben sind (Fig. 2.123). g und h werden so um Z gedreht, dass das Bild
h_1 von h parallel zu k und 1 ist. Das Bild von g ist g_1 (Fig. 2.124).

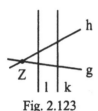

Fig. 2.123

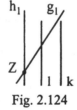

Fig. 2.124

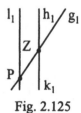

Fig. 2.125

k und 1 verschieben wir so, dass das Bild k_1 von k mit h_1 zusammenfällt (Fig. 2.125).
Damit ist $S_1 \circ S_k \circ S_h \circ S_g = S_1 \circ S_k \circ S_{h_1} \circ S_{g_1} = S_{1_1} \circ S_{k_1} \circ S_{h_1} \circ S_{g_1} = S_{1_1} \circ \text{Id} \circ S_{g_1} = S_{1_1} \circ S_{g_1}$.
g_1 und 1_1 schneiden sich im Punkt P. Die resultierende Abbildung $S_{1_1} \circ S_{g_1}$ ist eine Dre-
hung um P. Der Drehwinkel ist doppelt so groß wie der Winkel zwischen g_1 und 1_1
bzw. wie der Winkel zwischen g und h.

Vertauscht man die Drehung mit der Verschiebung, so erhält man ebenfalls eine Drehung. Die Begründung verläuft völlig analog.

Satz 2.16: Die Verkettung einer Drehung und einer Verschiebung (oder umgekehrt)
ergibt eine Drehung.

Verketten zweier Drehungen

Auch hier sind zwei Fälle zu unterscheiden. Die Zentren der Drehungen können zusammenfallen oder verschieden sein. Wir wenden uns zunächst Drehungen zu, deren Zentren
zusammenfallen.

Wir stellen die beiden Drehungen um Z wieder durch Doppelspiegelungen $S_h \circ S_g$ und $S_l \circ S_k$ dar.

Übung 2.41: Zeigen Sie an Hand von Fig. 2.126, dass das Verketten der beiden Drehungen eine Drehung um Z ergibt. Der Winkel der resultierenden Drehung ist gleich der Summe der Winkel der Einzeldrehungen.

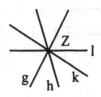

Fig. 2.126

Ist die Summe der Drehwinkel α und β kleiner als 360°, so nimmt man $\gamma = \alpha + \beta$ als Winkel der zusammengesetzten Drehung (Fig. 2.127). Wenn die Summe der Drehwinkel α und β größer oder gleich 360° ist, geht man bezüglich der Addition von Winkelgrößen anders vor als bei den Winkelsummen für konvexe Vielecke in Abschnitt

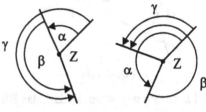

Fig. 2.127   Fig. 2.128

1.4. Der Winkel der Gesamtdrehung ist in diesem Fall $\gamma = \alpha + \beta - 360°$ (Fig. 2.128).

Die Aussage des Satzes 2.15 und der Übung 2.41 können wir auch mit Hilfe des Dreispiegelungssatzes begründen. Wir erläutern dies anhand von Satz 2.15.

Beispiel 2.9: In Fig. 2.122 sind die vier Geraden g, h, k und l paarweise parallel. Wegen des Dreispiegelungssatzes gibt es eine zu diesen parallele Gerade m, so dass $S_k \circ S_h \circ S_g = S_m$ ist. Die resultierende Abbildung $S_l \circ S_m$ ist eine Verschiebung.

Übung 2.42: Beweisen Sie die Aussage der Übung 2.41 und Satz 2.16 mit Hilfe des Dreispiegelungssatzes.

Übung 2.43: Zeigen Sie, dass die Verkettung der Spiegelungen an den Achsen g, h, k und l in Fig. 2.129 eine Drehung oder eine Verschiebung ergibt.

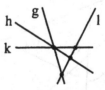

Fig. 2.129

Die Begründungen mittels des Dreispiegelungssatzes sind auf den ersten Blick einfacher als die, bei denen es auf die geschickte Wahl der Achsenpaare ankam. Der Dreispiegelungssatz kann allerdings nur eingesetzt werden, wenn drei aufeinanderfolgende Achsen paarweise parallel sind oder durch einen Punkt gehen. Zudem erhält man nur Aussagen über die Art der resultierenden Abbildung. Im Unterschied dazu liefert die zuvor benutzte Methode zusätzliche Aussagen über die Bestimmungsstücke der zusammengesetzten Abbildung, d.h. über die Richtung und den Betrag der Verschiebung bzw. die Lage des Drehzentrums und die Größe des Drehwinkels. Die Entscheidung für eine der beiden Methoden hängt letztlich vom Zusammenhang ab, in dem die Beweise erfolgen.

Wir wenden uns nun der Verkettung zweier Drehungen mit verschiedenen Zentren zu. Die erste Drehung mit Zentrum P sei durch die Doppelspiegelung $S_h \circ S_g$ dargestellt, die zweite mit Zentrum Q durch $S_l \circ S_k$. α sei der Winkel zwischen g und h, β der Winkel zwischen k und l (Fig. 2.130). Wir nehmen zunächst an, dass $\alpha + \beta < 180°$ ist.

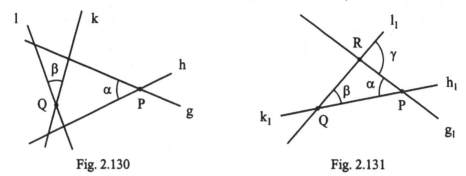

Fig. 2.130   Fig. 2.131

g und h drehen wir so um P, dass das Bild h_1 von h durch Q geht. Analog ersetzen wir k und l durch k_1 und l_1 so, dass k_1 durch P geht (Fig. 2.131). Insgesamt erhalten wir $(S_l \circ S_k) \circ (S_h \circ S_g) = S_l \circ S_k \circ S_h \circ S_g = S_{l_1} \circ S_{k_1} \circ S_{h_1} \circ S_{g_1} = S_{l_1} \circ \mathrm{Id} \circ S_{g_1} = S_{l_1} \circ S_{g_1}$. Da in Fig. 2.131 $\alpha + \beta < 180°$ ist, schneiden sich g_1 und l_1 in einem Punkt R. Für den Winkel γ zwischen g_1 und l_1 ergibt sich $\gamma = \alpha + \beta$. Die resultierende Abbildung $S_{l_1} \circ S_{g_1}$ ist somit eine Drehung um R. Ihr Drehwinkel 2γ ist gleich der Summe der Drehwinkel 2α und 2β der verketteten Drehungen.

Nun sei $\alpha + \beta = 180°$. Wenn wir g, h, k und l so wie im vorigen Fall durch g_1, h_1, k_1 und l_1 ersetzen, sind g_1 und l_1 parallel (Fig. 2.132, 2.133).

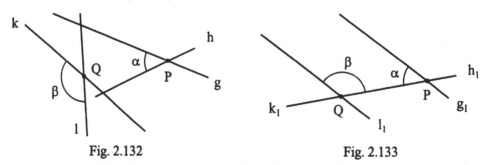

Fig. 2.132   Fig. 2.133

$S_{l_1} \circ S_{g_1}$ ist eine Verschiebung senkrecht zu diesen beiden Geraden.

Für $\alpha + \beta > 180°$ erhält man wiederum eine Drehung (Übung 2.44).

Satz 2.17: Verkettet man zwei Drehungen, deren Zentren gleich sind, so erhält man eine Drehung. Sind die Zentren verschieden, so ergibt sich eine Drehung oder eine Verschiebung.

Übung 2.44: Zeigen Sie, dass die Verkettung zweier Drehungen mit verschiedenen Zentren auch im Falle $\alpha + \beta > 180°$ eine Drehung ergibt.

Übung 2.45: Gegeben seien zwei Drehungen $D_{P,20°}$ und $D_{Q,60°}$ mit $P \neq Q$. Konstruieren Sie die Zentren der Drehungen $(D_{Q,60°} \circ D_{P,20°})$ und $(D_{P,20°} \circ D_{Q,60°})$.

Verketten einer Schubspiegelung und einer Achsenspiegelung
Die Schubspiegelung stellen wir als Dreifachspiegelung $S_k \circ S_h \circ S_g$ dar. Die Achse der darauffolgenden Spiegelung sei l. Wegen $S_l \circ (S_k \circ S_h \circ S_g) = (S_l \circ S_k) \circ (S_h \circ S_g)$ können wir die Verkettung einer Schubspiegelung mit einer Achsenspiegelung als Verkettung zweier Doppelspiegelungen auffassen. Abgesehen von Sonderfällen mit zusammenfallenden Achsen haben wir zwei Fälle zu unterscheiden.

Im ersten Fall schneidet die Achse l der Spiegelung die Achse k der Schubspiegelung. Dann handelt es sich nach dem Vorigen um die Verkettung einer Verschiebung und einer Drehung, d.h. insgesamt um eine Drehung (Fig. 2.134).

Fig. 2.134   Fig. 2.135

Übung 2.46: Konstruieren Sie das Zentrum der in Fig. 2.134 resultierenden Drehung. Wie groß ist deren Drehwinkel?

Im zweiten Fall ist die Achse l der Spiegelung parallel zur Achse k der Schubspiegelung (Fig. 2.135).

Übung 2.47: Zeigen Sie, dass sich beim Verketten der Schubspiegelung und der Achsenspiegelung in Figur 2.135 eine Verschiebung ergibt. Geben Sie deren Richtung und Betrag an.

Übung 2.48: Vertauschen Sie die Schubspiegelung mit der Achsenspiegelung und zeigen Sie, dass das Verketten der Achsenspiegelung mit der Schubspiegelung wiederum eine Drehung oder eine Verschiebung liefert.

Folgerung 2.9: Das Verketten einer Schubspiegelung und einer Achsenspiegelung (und umgekehrt) ergibt eine Drehung oder eine Verschiebung.

Damit sind alle Fälle der Verkettung von vier Achsenspiegelungen geklärt. Man erhält als resultierende Abbildung entweder eine Verschiebung oder eine Drehung, wobei die Identität als Nullverschiebung bzw. Nulldrehung eingeschlossen ist. An diesem Ergebnis ist bemerkenswert, dass man im Rahmen der bisher bekannten Arten von Abbildungen bleibt. Es ist zu vermuten, dass damit alle Arten von Abbildungen, die sich aus der Verkettung von endlich vielen Achsenspiegelungen ergeben, bekannt sind.

2.7.2 Kongruenzabbildungen und deren Verkettung

Beim Verketten von fünf Achsenspiegelungen ergibt das Verketten der ersten vier eine Doppelspiegelung. Wird diese mit der fünften Achsenspiegelung verkettet, so erhält man eine Schubspiegelung oder eine Achsenspiegelung. Auch beim Verketten von sechs Achsenspiegelungen kann man die ersten vier durch eine Doppelspiegelung ersetzen. Verkettet man diese mit den zwei verbleibenden Achsenspiegelungen, so erhält man wiederum eine Doppelspiegelung, d.h. eine Verschiebung oder eine Drehung.

Folgerung 2.10: Das Verketten zweier Schubspiegelungen liefert eine Verschiebung oder eine Drehung.

Auf die gleiche Weise folgt, dass die Verkettung einer ungeraden Anzahl von Achsenspiegelungen eine Schubspiegelung oder eine Achsenspiegelung und die einer geraden Anzahl von Achsenspiegelungen eine Verschiebung oder eine Drehung ergibt. Damit sind alle Fälle des Verkettens einer endlichen Anzahl von Achsenspiegelungen geklärt.

Da jede Verkettung einer endlichen Anzahl von Verschiebungen, Drehungen und Schubspiegelungen als Verkettung von Achsenspiegelungen darstellbar ist, erhalten wir als resultierende Abbildung stets eine der drei Abbildungen oder eine Achsenspiegelung. Zur besseren Übersicht stellen wir die Ergebnisse in einer Tabelle zusammen. Wir bezeichnen durch S eine Achsenspiegelung, durch V eine Verschiebung, durch D eine Drehung und durch SCH eine Schubspiegelung. Dann ergibt sich mit der Verkettung als Verknüpfung folgende Verknüpfungstafel:

∘	S	V	D	SCH
S	V oder D	S oder SCH	S oder SCH	V oder D
V	S oder SCH	V	D	S oder SCH
D	S oder SCH	D	V oder D	S oder SCH
SCH	V oder D	S oder SCH	S oder SCH	V oder D

Fig. 2.136

Zu diesen Abbildungen gehört auch die Identität (als Nullverschiebung oder Nulldrehung). Das Verketten dieser Abbildungen hat folgende Eigenschaften:

- Abgeschlossenheit: Ist direkt aus der Tafel ersichtlich;
- Assoziativität: Gilt für das Verketten beliebiger Abbildungen;
- Existenz des neutralen Elementes: Die Identität;
- Existenz inverser Elemente: Die Inversen der Abbildungen wurden in den Abschnitten 2.1 bis 2.6 angegeben.

Unter einer **Kongruenzabbildung** verstehen wir eine Achsenspiegelung, eine Verschiebung, eine Drehung oder eine Abbildung, die aus dem Verketten einer endlichen Anzahl dieser Abbildungen hervorgeht. Die Menge dieser Abbildungen bildet mit dem Verketten als Verknüpfung eine Gruppe, die **Gruppe der Kongruenzabbildungen**. Die Gruppe ist nicht kommutativ, da z.B. zwei Achsenspiegelungen an verschiedenen Geraden nicht vertauschbar sind.

Übung 2.49: Zeigen Sie, dass jede Kongruenzabbildung als Verkettung von höchstens drei Achsenspiegelungen darstellbar ist.

Die geometrischen Eigenschaften der Kongruenzabbildungen wurden in den vorangegangenen Abschnitten behandelt. In Abschnitt 2.3.4 wurde im Zusammenhang mit der Symmetrie von Figuren darauf hingewiesen, dass die Untersuchung der Kongruenzabbildungen auch einen algebraischen Aspekt besitzt.

Untergruppen der Gruppe der Kongruenzabbildungen

Unter einer Untergruppe einer Gruppe versteht man eine Teilmenge der Gruppe, die bezüglich der Verknüpfung, die in der Gruppe erklärt ist, selbst eine Gruppe bildet [*]. Die Gruppe der Kongruenzabbildungen enthält eine ganze Reihe von Untergruppen. Beispielsweise sind an Hand der Verknüpfungstafel (Fig. 2.136) folgende Untergruppen unmittelbar zu erkennen:

- die Gruppe der Verschiebungen,
- die Gruppe, welche die Verschiebungen und die Drehungen umfasst.

Letztere Gruppe nennt man auch die Gruppe der gleichsinnigen Kongruenzabbildungen, weil diese Abbildungen die Orientierung von Winkeln und den Umlaufsinn von Figuren erhalten.

Übung 2.50: Zeigen Sie, dass die Drehungen mit gleichem Zentrum eine Untergruppe der Gruppe der Kongruenzabbildungen bilden.

Im Hinblick auf die historische Entwicklung der Gruppentheorie sind die Symmetriegruppen, d.h. die Gruppen der Deckabbildungen von Figuren, besonders interessant.

Beispiel 2.10: Eine Deckabbildung eines Rechtecks bildet dessen Ecke A entweder auf sich selbst oder auf B oder C oder D ab (Fig. 2.137). Dieses leisten die Identität, die Spiegelungen S_g und S_h an den Symmetrieachsen g und h sowie die Halbdrehung $D_{M,180°}$ um den Schnittpunkt M der beiden Achsen. Die Tafel dieser Gruppe ist in Fig. 2.138 wiedergegeben.

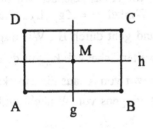

∘	Id	S_g	S_h	$D_{M,180°}$
Id	Id	S_g	S_h	$D_{M,180°}$
S_g	S_g	Id	$D_{M,180°}$	S_h
S_h	S_h	$D_{M,180°}$	Id	S_g
$D_{M,180°}$	$D_{M,180°}$	S_h	S_g	Id

Fig. 2.137

Fig. 2.138

Übung 2.51: Stellen Sie die Tafel der Gruppe der Deckabbildungen des gleichseitigen Dreiecks auf.

---

[*] GÖTHNER, P. (1997): Elemente der Algebra.

Achsenspiegelungen und Verschiebungen sind durch die Angabe eines Punktes und dessen Bildpunktes eindeutig festgelegt. Für eine Drehung benötigt man zusätzlich deren Zentrum, für eine Schubspiegelung zwei Punkte und deren Bildpunkte. Für eine beliebige Kongruenzabbildung gilt:

Satz 2.18: Eine Kongruenzabbildung ist durch die Vorgabe dreier Punkte, die nicht auf einer Geraden liegen, und deren Bilder eindeutig bestimmt.

Beweis: Die drei Punkte bezeichnen wir durch A, B und C, ihre Bildpunkte durch A′, B′ und C′. Wir haben nun zu zeigen: Wenn es eine Kongruenzabbildung gibt, die A auf A′, B auf B′ und C auf C′ abbildet, ist das Bild P′ jedes Punktes P der Ebene eindeutig bestimmt.

Da die Geraden AB, BC und AC paarweise verschieden sind, gilt dasselbe für deren Bildgeraden, d.h., auch A′, B′ und C′ liegen nicht auf einer Geraden (Fig. 2.139).

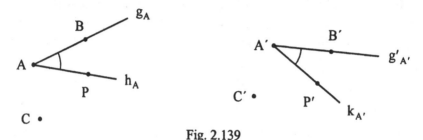

Fig. 2.139

Der Punkt P kann nicht auf allen drei Geraden AB, BC und AC liegen. Wir nehmen an, dass er nicht zu AB gehört. P und C mögen in derselben Halbebene bezüglich AB liegen (Fig. 2.139). Wir benutzen nun, dass Kongruenzabbildungen Winkel auf gleich große Winkel und Strecken auf gleich lange Strecken abbilden. Ferner benötigen wir die folgende Aussage, deren einfacher Beweis dem Leser überlassen sei. Liegen zwei Punkte bezüglich einer Geraden in derselben Halbebene, so gilt dies bei einer Kongruenzabbildung auch für deren Bildpunkte bezüglich der Bildgeraden. Von A aus zeichnen wir durch B und P die Halbgeraden g_A und h_A und erhalten den Winkel $\alpha = \angle g_A, h_A$. Das Bild $g'_{A'}$ der Halbgeraden g_A hat als Anfangspunkt A′ und geht durch B′. Wir tragen an $g'_{A'}$ von A′ aus den Winkel α so ab, dass dessen zweiter Schenkel $k_{A'}$ in derselben Halbebene bezüglich A′B′ liegt wie C′. Auf $k_{A'}$ tragen wir von A′ aus die Strecke $\overline{AP}$ ab und erhalten P′. P′ ist auf Grund des eindeutigen Abtragens von Winkeln und Strecken eindeutig bestimmt.   ■

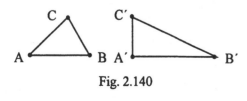

Fig. 2.140

Dieser Satz besagt nicht, dass es zu drei Punkten A, B und C sowie drei weiteren A′, B′ und C′ eine Kongruenzabbildung gibt, welche A auf A′, B auf B′ und C auf C′ abbildet. Fig. 2.140 zeigt, dass hierfür sicher weitere Voraussetzungen zu erfüllen sind.

Nach Satz 2.18 ist eine Kongruenzabbildung durch ein Dreieck ABC und dessen Bild A′B′C′ eindeutig festgelegt. Dass hierfür zwei solche Dreiecke ausreichen, ist plausibel. Wir kopieren das Dreieck ABC auf Transparentpapier und gehen dann schrittweise vor:

1. Es sei nur das Bild A′ des Punktes A bekannt. Wir verschieben das Transparentpapier so, dass die Kopie von A auf A′ fällt. Die Lage des Bilddreiecks ist damit noch nicht festgelegt, da das Transparentpapier um A′ gedreht oder um eine Gerade durch A′ gewendet werden kann.

2. Es seien die Bilder A′ und B′ der Punkte A und B gegeben. Wir verschieben das Transparentpapier so, dass die Punkte A und B mit ihren Bildpunkten A′ und B′ zur Deckung kommen. Auch in diesem Fall ist die Lage des Bilddreiecks noch nicht eindeutig bestimmt. Wir können das Transparentpapier um die Gerade A′B′ wenden.

3. Es seien die Punkte A, B und C und deren Bilder gegeben. Wir gehen wie im vorigen Fall vor und bringen zunächst A mit A′ und B mit B′ zur Deckung. C fällt entweder sofort oder nach dem Wenden des Transparentpapiers um die Gerade A′B′ mit C′ zusammen. In beiden Fällen ist die Lage des Transparentpapiers fixiert.

Eine Kongruenzabbildung ist nach Satz 2.18 durch die Vorgabe dreier Punkte und ihrer Bilder eindeutig bestimmt, ihre Darstellung jedoch nicht.

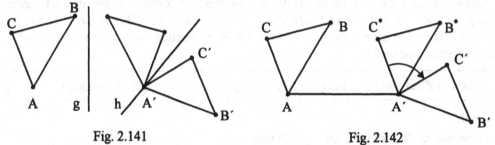

Fig. 2.141   Fig. 2.142

Fig. 2.141: Wir spiegeln das Dreieck ABC nacheinander an den Geraden g und h und erhalten als Bild das Dreieck A′B′C′. Die beiden Dreiecke stimmen in allen entsprechenden Seiten und Winkeln überein.

Fig. 2.142: Wir kopieren das Dreieck ABC auf Transparentpapier. Die Kopie verschieben wir so, dass A auf A′ fällt. Anschließend drehen wir die Kopie um A′ so, dass C* auf C′ und B* auf B′ zu liegen kommen. Insgesamt wird das Dreieck ABC durch das Hintereinanderausführen der Verschiebung und der Drehung auf das Dreieck A′B′C′ abgebildet. Da es nach Satz 2.18 genau eine solche Kongruenzabbildung gibt, stellt die Verkettung der beiden Achsenspiegelungen dieselbe Kongruenzabbildung dar wie die Verkettung der Verschiebung und der Drehung.

Diese Argumentation erscheint auf den ersten Blick unmittelbar einsichtig. Sie enthält aber eine Lücke. Bei genauer Betrachtung sind in Fig. 2.142 zwei Dreiecke ABC und A′B′C′ gegeben, die in allen entsprechenden Bestimmungsstücken übereinstimmen. Gesucht ist eine weitere Kongruenzabbildung, welche das erste Dreieck auf das zweite abbildet. Das Verschieben und Drehen der Transparentpapierkopie liefert eine Vermutung, wie wir diese finden können. Durch das Experiment ist aber keineswegs erwiesen, dass bei der Drehung C* auf C′ und B* auf B′ fallen. Diesem Problem wenden wir uns nun zu.

2.8 Kongruenz

2.8.1 Kongruente Figuren

Bildet man ein Vieleck durch eine Kongruenzabbildung ab, so stimmen Urbild und Bild in den Größen entsprechender Strecken und Winkel überein. Beide Figuren unterscheiden sich nur durch ihre Lage in der Ebene. Diese Beziehung zwischen ebenen Figuren beschreiben wir durch „... ist kongruent zu ...“. Eine Figur F_1 ist genau dann **kongruent** **zur** Figur F_2, wenn es eine Kongruenzabbildung gibt, welche F_1 auf F_2 abbildet. Wir bezeichnen dies durch $F_1 \equiv F_2$. Die Relation „... ist kongruent zu ...“ ist auf der Menge der Figuren in der Ebene eine Äquivalenzrelation.

- Reflexivität: Jede Figur ist zu sich selbst kongruent, da sie durch die Identität auf sich selbst abgebildet wird.

- Symmetrie: Ist die Figur F_1 kongruent zur Figur F_2, so gibt es eine Kongruenzabbildung, die F_1 auf F_2 abbildet. Deren Umkehrabbildung ist eine Kongruenzabbildung. Diese bildet F_2 auf F_1 ab. Folglich ist F_2 kongruent zu F_1.

- Transitivität: s. Übung 2.52

Um die Kongruenz zweier Figuren nachzuweisen, muss man eine Kongruenzabbildung angeben, welche die eine Figur auf die andere abbildet. Zwei Geraden sind z.B. stets kongruent, weil sie durch eine Achsenspiegelung aufeinander abgebildet werden können. In gewissen Fällen kann man aber auch aus den Eigenschaften von Figuren direkt auf deren Kongruenz schließen.

Satz 2.19 Zwei Strecken sind genau dann kongruent, wenn sie gleich lang sind.

Beweis:

1. Kongruente Strecken sind stets gleich lang.

2. $\overline{AB}$ und $\overline{CD}$ seien zwei gleich lange Strecken. Wir zeigen, dass es eine Kongruenzabbildung gibt, welche A auf C und $\overline{AB}$ auf $\overline{CD}$ abbildet. Bezüglich der Lage von A, B, C und D sind vier Fälle zu unterscheiden. Fallen A und C sowie B und D zusammen, so leistet dies die Identität. Ist A = D und B = C, so spiegeln wir $\overline{AB}$ an ihrer Mittelsenkrechten. Im Falle A = C und B ≠ D spiegeln wir $\overline{AB}$ an der Winkelhalbierenden des Winkels ∠ BAD. Wegen der Längentreue der Spiegelung wird dabei B auf D abgebildet. Schließlich sei A ≠ C und B ≠ D (Fig. 2.143). In diesem Fall spiegeln wir $\overline{AB}$ an der Mittelsenkrechten m von A und C. Das Bild von A ist C, das von B ist B′. $\overline{CB'}$ spiegeln wir an der Winkelhalbierenden w von ∠ DCB′. C bleibt fest, und B′ wird auf B″ ∈ g_C abgebildet. Wegen der Längentreue der Spiegelungen ist $l(\overline{AB}) = l(\overline{CB''})$. Nach Voraussetzung ist $l(\overline{AB}) = l(\overline{CD})$. Aus der Eindeutigkeit des Abtragens von Längen folgt B″ = D.   ∎

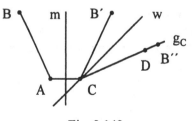

Fig. 2.143

Übung 2.52: Weisen Sie die Transitivität der Kongruenzrelation auf der Menge der ebenen Figuren nach.

Der Begriff Kongruenz ist lateinischen Ursprungs und bedeutet Übereinstimmung, in der Geometrie Deckungsgleichheit. Sind zwei Figuren nicht endlich, so kann deren Kongruenz nur mit Hilfe einer Kongruenzabbildung nachgewiesen werden.

Übung 2.53: Zeigen Sie: Zwei Halbgeraden sind kongruent. Zwei Winkel sind genau dann kongruent, wenn sie gleich groß sind.

Kongruente Figuren brauchen nicht voneinander verschieden zu sein. Jede Figur ist zu sich selbst kongruent, da sie durch die Identität auf sich abgebildet wird. Figuren können auch in nicht trivialer Weise zu sich selbst kongruent sein. Beispiele dafür sind die symmetrischen Figuren. Zu jeder achsensymmetrischen Figur gibt es eine Achsenspiegelung, d.h. eine Kongruenzabbildung, welche die Figur auf sich abbildet. Entsprechendes gilt für drehsymmetrische Figuren usw. Wir können diese Symmetrien dem Oberbegriff **Kongruenzsymmetrie** unterordnen. Eine Figur ist genau dann **kongruenzsymmetrisch**, wenn es eine von der Identität verschiedene Kongruenzabbildung gibt, welche die Figur auf sich abbildet.

Im Falle endlicher Figuren ist Transparentpapier geeignet, Figuren auf Kongruenz zu prüfen. Man kopiert die eine Figur auf das Transparentpapier und versucht, die Kopie mit der anderen Figur durch Verschieben, Drehen oder Umwenden zur Deckung zu bringen. Solche Aktivitäten führen bei symmetrischen Figuren zusätzlich zu Vermutungen über deren Eigenschaften, die anschließend zu beweisen sind. In diesem Kapitel finden sich von Anfang an Beispiele dafür.

Die Kongruenz zweier Figuren muss nicht unbedingt durch die Angabe einer geeigneten Kongruenzabbildung begründet werden. Sie kann, wie Satz 2.19 und Übung 2.53 zeigen, auch auf Eigenschaften der Figuren - in diesem Fall die Länge von Strecken bzw. die Größe von Winkeln - zurückgeführt werden. Solche Kriterien sind bei der Untersuchung von Vielecken oft von Nutzen. Grob gesprochen dienen sie dazu, die Eigenschaften eines Vielecks mit Hilfe der Kongruenz von Teilfiguren wie Strecken, Winkel usw. zu begründen. Man spricht daher auch von der **kongruenzgeometrischen Methode** in der Geometrie. Die Kongruenzsätze für Dreiecke sind die bekanntesten Beispiele für solche Kriterien. Sie spielten bereits in EUKLIDs Elementen eine zentrale Rolle.

Bei der von uns bisher benutzten abbildungsgeometrischen Methode dienten im wesentlichen Abbildungen und deren Eigenschaften als Argumentationsgrundlage. Bei dieser Vorgehensweise bestanden die Schwierigkeiten zumeist im Auffinden einer Abbildung, welche Figurenteile aufeinander abbildet, bzw. im Entdecken einer Symmetrie der Figur. Bei EUKLIDs Methode bereitet das Umstrukturieren von Figuren, d.h. das Entdecken passender Teilfiguren, oft Probleme. Wir werden zunächst die Kongruenzsätze für Dreiecke herleiten und dann an Hand von Beispielen beide Methoden vergleichen.

2.8.2   Kongruenzsätze für Dreiecke

Wie bereits angedeutet kann man aus der Kongruenz entsprechender Bestimmungsstücke
zweier Dreiecke auf deren Kongruenz schließen. Unter Bestimmungsstücken verstehen
wir zunächst nur die Längen der Seiten und die Größen der Innenwinkel. Es ist zu vermuten, dass die Kongruenz derjenigen Seiten und Winkel ausreicht, aus denen ein Dreieck
bis auf seine Lage in der Ebene eindeutig konstruiert werden kann. Die Vorgabe dreier
Winkel, die zusammen 180° ergeben, genügt nicht, da es nicht kongruente Dreiecke gibt,
die dieser Bedingung genügen. Es muss also stets die Länge einer Seite gegeben sein.
Auch die Vorgabe zweier Seiten oder einer Seite und eines Winkels reichen nicht aus.
Wir benötigen also zumindest die Vorgabe dreier Seiten, zweier Seiten und eines Winkels oder einer Seite und zweier Winkel (s. Beispiel 2.11).

Wir werden nun zeigen, dass zwei Dreiecke ABC und A′B′C′, die jeweils in diesen Bestimmungsstücken übereinstimmen, kongruent sind. Dazu müssen wir in jedem Fall eine
Kongruenzabbildung angeben, welche das Dreieck ABC auf das Dreieck A′B′C′ abbildet. Da mindestens ein Paar von Seiten kongruent ist, nehmen wir an, dass dies die Seiten
$\overline{AB}$ und $\overline{A′B′}$ sind. Dann gibt es nach Satz 2.19 eine Kongruenzabbildung Φ, welche
A auf A′ und B auf B′ abbildet. Das Bild von C bei Φ sei C*. C′ und C* mögen in verschiedenen Halbebenen bezüglich A′B′ liegen (Fig. 2.144). Andernfalls spiegeln wir das
Dreieck A′B′C* an der Geraden A′B′.

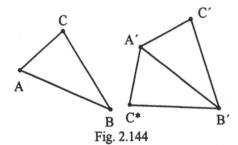

Fig. 2.144

Die Dreiecke ABC und A′B′C* sind demnach kongruent. Die Dreiecke ABC und
A′B′C′ sind wegen der Transitivität der Relation genau dann kongruent, wenn die
Dreiecke A′B′C* und A′B′C′ kongruent
sind. Dies ist der Fall, wenn es eine Spiegelung an der Geraden A′B′ gibt, die C* auf
C′ abbildet.

Mit den üblichen Bezeichnungen haben wir damit die Fig. 2.145 dargestellte Situation:

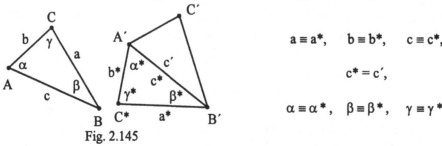

Fig. 2.145

$$a \equiv a^*, \quad b \equiv b^*, \quad c \equiv c^*,$$

$$c^* = c′,$$

$$\alpha \equiv \alpha^*, \quad \beta \equiv \beta^*, \quad \gamma \equiv \gamma^*$$

Wir haben nun zu klären, unter welchen zusätzlichen Voraussetzungen C* durch die Achsenspiegelung an A′B′ auf C′ und damit das Dreieck B′A′C* auf das Dreieck B′A′C′
abgebildet wird.

Beispiel 2.11: Dreieckskonstruktionen

1. Gegeben: a, b, c mit a + b > c (Fig. 2.146)

- Zeichne c,
- schlage um A einen Kreisbogen mit Radius b, um B einen mit Radius a,
- C ist der Schnittpunkt der beiden Kreisbögen.

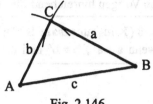

Fig. 2.146

2. Gegeben: b, α, c (Fig. 2147)

- Zeichne c,
- trage in A an c den Winkel α ab,
- trage auf dem zweiten Schenkel von A aus die Seite b ab und erhalte C.

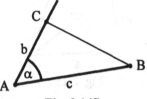

Fig. 2.147

3. Gegeben: a, c , α mit a > c (Fig. 2.148)

- Zeichne c,
- trage in A an c den Winkel α ab,
- schlage um B einen Kreisbogen mit Radius a,
- C ist der Schnittpunkt des Kreisbogens mit dem zweiten Schenkel.

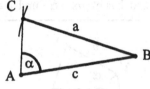

Fig. 2.148

4. Gegeben: α, c, β mit α + β < 180° (Fig. 2.149)

- Zeichne c,
- trage in A an c den Winkel α und auf derselben Seite von AB in B an c den Winkel β an,
- C ist der Schnittpunkt der beiden Schenkel.

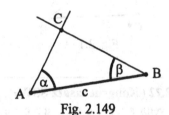

Fig. 2.149

5. Gegeben: α, γ, c mit α + γ < 180° (Fig. 2.150)

- Zeichne c,
- trage in A an c den Winkel α ab und erhalte g_A,
- trage in A an g_A den Winkel γ ab und erhalte h_A,
- die Parallele zu h_A durch B schneidet g_A in C.

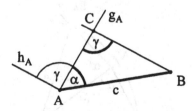

Fig. 2.150

Übung 2.54: Diskutieren Sie die Lösbarkeit der Konstruktionsaufgabe 3. (Fig. 2.148) bei uneingeschränkter Wahl von a, c und α.

Wir knüpfen an die in Fig. 145 beschriebene Situation an und geben die Voraussetzungen an, unter denen C′ das Spiegelbild von C* bei der Spiegelung an A′B′ ist. Dies ist nach dem Vorigen hinreichend für die Kongruenz der Dreiecke ABC und A′B′C′.

Satz 2.20 (Kongruenzsatz SSS): Zwei Dreiecke ABC und A′B′C′ sind kongruent, wenn $a \equiv a'$, $b \equiv b'$ und $c \equiv c'$.

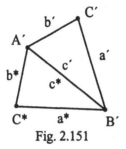

Fig. 2.151

Beweis: In Fig. 2.151 folgt aus $a \equiv a'$ und $a \equiv a^*$ direkt $a' \equiv a^*$. Analog ist $b' \equiv b^*$. Das Viereck A′C*B′C′ ist ein Drachenviereck mit der Geraden A′B′ als Symmetrieachse. C* wird bei der Spiegelung an A′B′ auf C′ abgebildet. ∎

Satz 2.21 (Kongruenzsatz SWS): Zwei Dreiecke ABC und A′B′C′ sind kongruent, wenn $b \equiv b'$, $\alpha \equiv \alpha'$ und $c \equiv c'$.

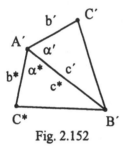

Fig. 2.152

Beweis: In Fig. 2.152 folgt aus $b \equiv b'$ und $b \equiv b^*$ direkt $b' \equiv b^*$. Analog ist $\alpha' \equiv \alpha^*$. Bei der Spiegelung an A′B′ wird wegen der Winkel- und Winkelmaßtreue sowie der Strecken- und Längentreue b^* auf b' und damit C* auf C′ abgebildet. ∎

Satz 2.22 (Kongruenzsatz SSW$_g$): Zwei Dreiecke ABC und A′B′C′ sind kongruent, wenn $a \equiv a'$, $c \equiv c'$, $a > c$ und $\alpha \equiv \alpha'$.

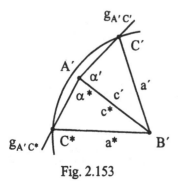

Fig. 2.153

Beweis: In Fig. 2.153 ist wie vorhin $a' \equiv a^*$. C* und C′ liegen daher auf einem Kreis K um B′. Da $a' > c'$, liegt A′ im Inneren des Kreises. Wegen $\alpha' \equiv \alpha^*$ wird der Strahl $g_{A'C^*}$ bei der Spiegelung $S_{A'B'}$ an A′B′ auf $g_{A'C'}$ abgebildet. C* als Schnittpunkt von $g_{A'C^*}$ und K fällt bei $S_{A'B'}$ auf den Schnittpunkt von $g_{A'C'}$ und Kreis K, d.h. auf C′. ∎

Die Begründung des Satzes 2.22 ist nicht ganz vollständig. Wir haben benutzt, dass eine Halbgerade, deren Anfangspunkt im Inneren eines Kreises liegt, den Kreis in genau einem Punkt schneidet. Diese Tatsache entnehmen wir der Anschauung, sie ist aus dem Bisherigen nicht ableitbar.

Übung 2.55: Begründen Sie den Kongruenzsatz (WSW): Zwei Dreiecke ABC und A′B′C′ sind kongruent, wenn $\alpha \equiv \alpha'$, $c \equiv c'$ und $\beta \equiv \beta'$.

Die Kongruenzsätze findet man wie bereits erwähnt im ersten Buch von EUKLIDs Elementen. Seine Formulierungen unterscheiden sich von den heute üblichen. Der Kongruenzsatz (SWS) in § 4 lautet: „Wenn in zwei Dreiecken zwei Seiten zwei Seiten entsprechend gleich sind und die von den gleichen Strecken umfassten Winkel einander gleich, dann muss in ihnen auch die Grundlinie der Grundlinie gleich sein, das Dreieck muss dem Dreieck gleich sein, und die übrigen Winkel müssen den übrigen Winkeln entsprechend gleich sein, nämlich immer die, denen gleiche Seiten gegenüberliegen." *

In § 8 und § 26 beweist EUKLID die Kongruenzsätze (SWS), (SSS), (WSW). Zudem gibt er den heute kaum noch erwähnten Kongruenzsatz (WWS) an.

Übung 2.56: Zwei Dreiecke ABC und A′B′C′ sind kongruent, wenn $\alpha \equiv \alpha'$, $\gamma \equiv \gamma'$ und $c \equiv c'$.

Hinweis: Führen Sie den Satz auf den Fall (WSW) zurück.

Zusammenfassend haben wir damit: Zwei Dreiecke sind kongruent, wenn sie

- in drei Seiten übereinstimmen (SSS),
- in zwei Seiten und dem eingeschlossenen Winkel übereinstimmen (SWS),
- in zwei Seiten und dem der größeren der beiden Seiten gegenüberliegenden Winkel übereinstimmen (SSW_g),
- in einer Seite und den anliegenden Innenwinkeln übereinstimmen (WSW),
- in einer Seite, einem anliegenden Winkel und dem gegenüberliegenden Winkel übereinstimmen (WWS).

Die Kongruenzsätze dienen in erster Linie zum Beweisen von Aussagen über Figuren.

Beispiel 2.12: Ein Dreieck ist genau dann gleichschenklig, wenn zwei Innenwinkel kongruent sind.

1. Im Dreieck ABC seien $\overline{AC} \equiv \overline{BC}$ und M der Mittelpunkt von $\overline{AB}$ (Fig. 2.154). Nach dem Kongruenzsatz (SSS) sind die Dreiecke AMC und BMC kongruent, d.h. $\alpha \equiv \beta$.

2. Es seien $\alpha \equiv \beta$ und w_γ die Halbierende des Winkels bei C (Fig. 2.155). Nach Kongruenzsatz (WWS) sind die Dreiecke ADC und BDC kongruent, d.h. $\overline{AC} \equiv \overline{BC}$.

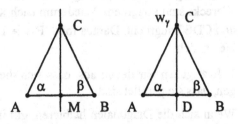

Fig. 2.154   Fig. 2.155

---

* THAER, C. (1991): Euklid, Die Elemente, S. 5.

2.8.3 Zur abbildungsgeometrischen und zur kongruenzgeometrischen Methode

Die meisten Sätze der Elementargeometrie betreffen Eigenschaften von Figuren. Sie machen Aussagen über die Kongruenz von Strecken, von Winkeln, über die Parallelität von Geraden usw. Zum Beweisen solcher Aussagen stehen uns zunächst Annahmen über den Umgang mit Längen von Strecken und Größen von Winkeln zur Verfügung. Hinzu kommen Sätze über Winkel an Geradenpaaren, über Winkelsummen in Vielecken usw. Schließlich können wir mittels der Eigenschaften von Kongruenzabbildungen oder mittels der Kongruenzsätze Schlüsse ziehen. Je nach dem Schwerpunkt der Argumentationsweise spricht man von der abbildungsgeometrischen oder der kongruenzgeometrischen Methode.

Geometrische Sätze kann man prinzipiell mit jeder der beiden Methoden beweisen. Im Beispiel 1 (S. 77) wurde die kongruenzgeometrische Methode benutzt. Als zweites Beispiel greifen wir noch einmal den Satz 2.13 (S.54) auf, der in Abschnitt 2.5.3 abbildungsgeometrisch behandelt worden war. Er besagt, dass ein Viereck genau dann ein Parallelogramm ist, wenn sich die Diagonalen halbieren. Dessen kongruenzgeometrischer Beweis erfolgt so:

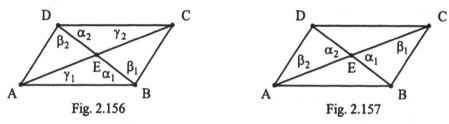

Fig. 2.156   Fig. 2.157

1. Wir setzen voraus, dass die Gegenseiten des Vierecks ABCD parallel sind, und behaupten, dass sich die Diagonalen halbieren.

In Fig. 2.156 sind α_1 und α_2, β_1 und β_2 sowie γ_1 und γ_2 Wechselwinkel an parallelen Geraden und somit jeweils gleich groß, d.h. kongruent. Die Dreiecke ABD und CDB haben die Seite $\overline{BD}$ gemeinsam. Deren anliegende Innenwinkel α_1 bzw. β_2 sind kongruent zu α_2 bzw. β_1. Nach dem Kongruenzsatz (WSW) sind die Dreiecke ABD und CDB kongruent. Daraus folgt $\overline{AB} \equiv \overline{CD}$ und $\overline{BC} \equiv \overline{AD}$, d.h., die Gegenseiten des Vierecks sind kongruent. Wiederum nach Kongruenzsatz (WSW) sind die Dreiecke ABE und CDE kongruent. Daraus folgt $\overline{BE} \equiv \overline{DE}$ und $\overline{AE} \equiv \overline{CE}$, d.h., die Diagonalen halbieren sich.

2. Jetzt gehen wir davon aus, dass sich die Diagonalen des Vierecks halbieren, und zeigen, dass sie parallel sind.

Wenn sich die Diagonalen halbieren, gilt in Fig. 2.157 $\overline{BE} \equiv \overline{DE}$ und $\overline{AE} \equiv \overline{CE}$. α_1 und α_2 sind als Scheitelwinkel kongruent. Nach Kongruenzsatz (SWS) sind die Dreiecke AED und CEB kongruent. Daraus folgt die Kongruenz der Winkel β_1 und β_2. Nach dem Satz über Wechselwinkel folgt die Parallelität der Geraden AD und BC. Analog ergibt sich die Parallelität der Geraden AB und CD.

Vergleich der beiden Methoden

An Hand der vorigen Beispiele sind dem Leser sicher gewisse Vor- und Nachteile beider Methoden aufgefallen. Das Urteil darüber, worin diese bestehen, wird im Detail von Person zu Person unterschiedlich ausfallen. Über einige Aspekte besteht allerdings Konsens.

Abbildungsgeometrische Methode

Vorteile: Beim Einsatz dieser Methode geht es zunächst darum, die Symmetrie einer Figur, einer Teilfigur oder die Ergänzung einer Figur zu einer symmetrischen Figur zu entdecken. Damit verbunden ist zumeist die Suche nach einer Kongruenzabbildung, welche diese Symmetrie sichert. Bei diesem Suchen und Probieren kann der handelnde Umgang mit Modellen der Figuren, mit Transparentpapierkopien usw. eine entscheidende Hilfe sein. Derartige Experimente können zu Lösungsideen führen, die formal auszuarbeiten sind.

Nachteile: Die abbildungsgeometrische Methode hat den Nachteil, dass sie die Kenntnis einer Vielzahl von Einzelaussagen über die verschiedenen Kongruenzabbildungen und deren Eigenschaften erfordert. Diese Vielfalt ist zumindest zu Beginn des Einsatzes dieser Methode verwirrend und erschwert oft das Finden von Beweisen.

Kongruenzgeometrische Methode

Vorteile: Der größte Vorteil dieser Methode besteht darin, dass man mit wenigen übersichtlichen Sätzen als Argumentationsgrundlage auskommt. Dies erleichtert in vielen Fällen das Entdecken von Beweisen.

Nachteile: Wenn man mit Hilfe der Kongruenzsätze Eigenschaften von Figuren nachweisen will, muss man diese Figuren zuerst in geeignete Teildreiecke zerlegen, auf welche die Kongruenzsätze anwendbar sind. Diese Umstrukturierung bereitet oft Probleme. Im Hinblick auf die Symmetrie von Figuren sind die Kongruenzsätze nur geeignet, Symmetrien im klassischen Sinne zu behandeln. Bei unendlich ausgedehnten Figuren versagt dieses Verfahren.

EUKLIDs Elemente sind das bekannteste Beispiel für die Verwendung der kongruenzgeometrischen Methode. An diesem Werk orientierte sich die Elementargeometrie über zweitausend Jahre lang. Erst Ende des vorigen Jahrhunderts kamen Axiomensysteme auf, z.B. von PEANO, welche die Eigenschaften von Bewegungen als primitive Begriffe benutzten. Die damit geschaffene abbildungsgeometrische Methode verdrängte nach und nach die kongruenzgeometrische Methode. HOLLANDs zweibändige Elementargeometrie ist ein typisches Beispiel für den konsequenten Einsatz der abbildungsgeometrischen Methode [*]. Aus heutiger Sicht sind beide Methoden als komplementär und nicht als alternativ zu betrachten. Es ist sicher ein Vorteil, beide Methoden zu beherrschen und von Fall zu Fall die Methode wählen zu können, die in der jeweiligen Problemlösesituation als erfolgversprechender erscheint. Wir werden auf den folgenden Seiten einige Sätze angeben und deren abbildungsgeometrische bzw. kongruenzgeometrische Beweise gegenüberstellen. Die Entscheidung, welcher Beweis vorteilhafter ist, bleibt dem Leser überlassen.

---

[*] HOLLAND, G. (1974): Geometrie für Lehrer und Studenten, Band 1, 2.

> **Satz 2.23:** Ein Parallelogramm ist genau dann ein Rechteck, wenn die Diagonalen gleich lang sind.

Beweis (abbildungsgeometrisch):

1. Wir setzen voraus, dass das Parallelogramm ein Rechteck ist, und zeigen, dass die Diagonalen gleich lang sind.

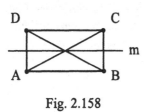

Fig. 2.158

Das Rechteck ABCD wird bei der Spiegelung an der Mittelparallelen m von AB und CD auf sich abgebildet (Fig. 2.158). Bei dieser Spiegelung hat die Diagonale $\overline{AC}$ als Bild die Diagonale $\overline{DB}$. Wegen der Längentreue der Spiegelung sind beide Diagonalen gleich lang.

2. Wir gehen jetzt von einem Parallelogramm mit gleich langen Diagonalen aus und zeigen, dass das Parallelogramm ein Rechteck ist.

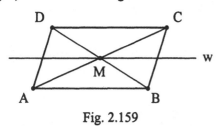

Fig. 2.159

Im Parallelogramm ABCD halbieren sich die Diagonalen, daher sind in Fig. 2.159 die Strecken $\overline{AM}$, $\overline{BM}$, $\overline{CM}$ und $\overline{DM}$ gleich lang. Bei der Spiegelung an der Winkelhalbierenden w der Scheitelwinkel $\angle$ AMD und $\angle$ BMC werden die Geraden AC und BD aufeinander abgebildet, M bleibt fest. Wegen der Längentreue der Spiegelung werden A auf D und B auf C abgebildet. Das Viereck ABCD ist bezüglich w achsensymmetrisch, d.h. ein Rechteck. ■

> **Satz 2.24:** In Fig. 2.160 sei $\overline{AB}$ der Durchmesser eines Kreises. Der Punkt C des Dreiecks ABC liegt genau dann auf dem Kreis, wenn γ ein rechter Winkel ist.

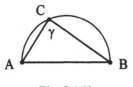

Fig. 2.160

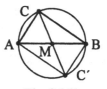

Fig. 2.161

Beweis (abbildungsgeometrisch):

1. C liege auf dem Kreis K. Wir zeigen, dass $\angle$ ACB ein rechter Winkel ist (THALES).

Wir spiegeln in Fig. 2.161 das Dreieck ABC am Mittelpunkt M von $\overline{AB}$ und erhalten als Bild von C den Punkt C′ auf K. B ist das Bild von A und umgekehrt. Die Gerade AC wird auf die zu ihr parallele Gerade BC′ abgebildet, analog BC auf die Parallele AC′. Das Viereck AC′BC ist ein Parallelogramm mit gleich langen Diagonalen, d.h. nach Satz 2.23 ein Rechteck. ■

Beweis (kongruenzgeometrisch):

1. Wir setzen voraus, dass das Parallelogramm ein Rechteck ist, und zeigen, dass die Diagonalen gleich lang sind (Fig. 2.162).

Im Rechteck ABCD ist $\overline{AB} \equiv \overline{DC}$, $\overline{AD} \equiv \overline{BC}$ und $\angle BAD \equiv \angle ABC$. Nach Kongruenzsatz (SWS) ist das Dreieck ABC kongruent zum Dreieck DAB, d.h. $\overline{AC} \equiv \overline{BD}$.

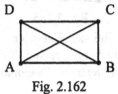

Fig. 2.162

2. Wir gehen jetzt von einem Parallelogramm mit gleich langen Diagonalen aus und zeigen, dass das Parallelogramm ein Rechteck ist.

Im Parallelogramm ABCD halbieren sich die gleich langen Diagonalen, daher sind in Fig. 2.163 die Strecken $\overline{AM}$, $\overline{DM}$ und $\overline{CM}$ gleich lang. Die Dreiecke AMD und DMC sind gleichschenklig mit jeweils kongruenten Basiswinkeln. Es ist $\angle MAD \equiv \angle MDA$ und $\angle MDC \equiv \angle MCD$. Mit $\angle MAD = \alpha$ und $\angle MDC = \beta$ gilt $2\alpha + 2\beta = 180°$ und $\alpha + \beta = 90°$. Der Winkel $\angle ADM$ ist ein rechter Winkel. Analoges gilt für die drei anderen Innenwinkel, d.h. das Viereck ABCD ist ein Rechteck. ■

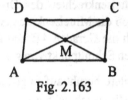

Fig. 2.163

Beweis (kongruenzgeometrisch):

1. C liege auf dem Kreis K. Wir zeigen, dass $\angle ACB$ ein rechter Winkel ist (THALES).

In Fig. 2.164 sind die Dreiecke AMC und BMC gleichschenklig. Dann sind die Basiswinkel α_1 und α_2 bzw. β_1 und β_2 gleich groß. Aus $\alpha_1 + \alpha_2 + \beta_2 + \beta_1 = 180°$, $\alpha_1 \equiv \alpha_2$, $\beta_1 \equiv \beta_2$ folgt $\alpha_2 + \beta_2 = 90°$.

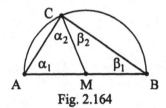

Fig. 2.164

■

2. Wir setzen nun voraus, dass $\angle\,ACB$ ein rechter Winkel ist, und weisen nach, dass C auf dem Kreis K liegt.

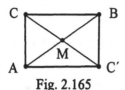

Fig. 2.165

In Fig. 2.165 sei C′ das Bild von C bei der Spiegelung am Mittelpunkt M von $\overline{AB}$. Der rechte Winkel $\angle\,ACB$ hat als Bild den rechten Winkel $\angle\,BC'A$. Für die Winkel $\angle\,CAC'$ und $\angle\,C'BC$ verbleiben zusammen 180°. Bei der Spiegelung an M werden sie aufeinander abgebildet, d.h., sie sind kongruent und somit rechte Winkel. Das Viereck AC′BC ist ein Rechteck mit gleich langen, sich halbierenden Diagonalen (Satz 2.23, S.80). Seine Ecken liegen auf einem Kreis um M. ∎

Satz 2.25: Die Mittelsenkrechten eines Dreiecks schneiden sich in einem Punkt.

Beweis (abbildungsgeometrisch):

Die Mittelsenkrechten des Dreiecks schneiden sich paarweise. Hätten beispielsweise in Fig. 2.166 die Mittelsenkrechten g und h keinen Schnittpunkt, so wären sie parallel und damit auch die Geraden AB und BC. Die Punkte A, B und C wären nicht Ecken eines Dreiecks. Den Schnittpunkt von g und h bezeichnen wir mit D.

Das Weitere beruht auf folgender Idee. Wir wissen einerseits, dass A durch die Spiegelung an der Mittelsenkrechten l von $\overline{AC}$ auf C abgebildet wird. Wenn wir andererseits eine Dreifachspiegelung an Achsen durch D finden, die ebenfalls A auf C abbildet, so können wir diese nach dem Dreispiegelungssatz durch eine Spiegelung ersetzen, deren Achse durch D geht. Da es genau eine Spiegelung gibt, die A auf C abbildet, muss dies die Spiegelung an l sein. l geht dann, wie behauptet, durch den Schnittpunkt D von g und h.

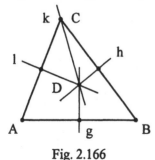

Fig. 2.166

Diese Dreifachspiegelung erhalten wir wie folgt. A wird bei der Spiegelung an g auf B abgebildet, B bei der Spiegelung an h auf C. Wir benötigen nun noch eine Spiegelung, deren Achse durch D geht, und die an diesem Ergebnis nichts ändert. Dies leistet die Spiegelung an der Geraden k durch C und D. Insgesamt ist $S_k \circ S_h \circ S_g(A) = C$. ∎

2. Wir setzen nun voraus, dass $\angle ACB$ ein rechter Winkel ist, und weisen nach, dass C auf dem Kreis K liegt.

In Fig. 2.167 ist $\angle ACB$ ein rechter Winkel und daher $\alpha_2 + \beta_2 = 90°$. Wir legen den Punkt D auf $\overline{AB}$ so, dass $\alpha_2 \equiv \alpha_1$. Dann ist wegen $\alpha_2 + \beta_2 = 90°$ auch $\beta_2 \equiv \beta_1$. Nach Beispiel 2.12 (S.77) sind die Dreiecke

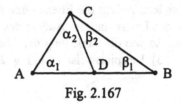

Fig. 2.167

ADC und BDC gleichschenklig. Daraus folgt $\overline{AD} \equiv \overline{BD} \equiv \overline{CD}$, d.h., A, B und C liegen auf einem Kreis um D. ∎

Beweis (kongruenzgeometrisch):

Die Mittelsenkrechten des Dreiecks schneiden sich paarweise. Hätten beispielsweise in Fig. 2.168 die Mittelsenkrechten g und h keinen Schnittpunkt, so wären sie parallel und damit auch die Geraden AB und BC. Die Punkte A, B und C wären nicht Ecken eines Dreiecks. Den Schnittpunkt von g und h bezeichnen wir mit D.

Wegen $\overline{AE} \equiv \overline{BE}$, $\angle AED \equiv \angle BED$ und $\overline{DE} \equiv \overline{DE}$ sind die Dreiecke AED und BED nach Kongruenzsatz (SWS) kongruent, folglich auch deren Seiten $\overline{AD}$ und $\overline{BD}$. Genau so sind in den Dreiecken BFD und CFD die Seiten $\overline{BD}$ und $\overline{CD}$ kongruent. Daraus folgt $\overline{AD} \equiv \overline{CD}$. Das Dreieck ADC ist gleichschenklig. M sei der Mittelpunkt der Seite $\overline{AC}$. Wegen $\overline{AD} \equiv \overline{CD}$, $\overline{DM} \equiv \overline{DM}$ und $\overline{AM} \equiv \overline{CM}$ sind die Dreiecke MCD und MAD nach Kongruenzsatz (SSS) kongruent. Daraus folgt $\angle AMD \equiv \angle CMD$, d.h., beide Winkel sind rechte Winkel. Die Gerade DM ist also die

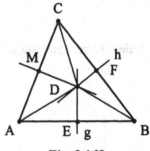

Fig. 2.168

Mittelsenkrechte von $\overline{AC}$. Sie geht, wie behauptet, durch den Schnittpunkt D der beiden anderen Mittelsenkrechten g und h. ∎

Wegen der Kongruenz der Strecken $\overline{AD}$, $\overline{BD}$ und $\overline{CD}$ liegen die Punkte A, B und C auf einem Kreis um D, dem **Umkreis** des Dreiecks ABC.

2.8.4   Zerlegungsgleiche Vielecke

Alle im folgenden vorkommenden Vielecke seien einfach und geschlossen. Jedes derartige Vieleck zerlegt die Ebene ohne die Punkte des Vielecks in zwei disjunkte Punktmengen, das Innere und das Äußere des Vielecks. Man begründet diese Zerlegung im Prinzip genau so wie die Zerlegung der Ebene durch eine Gerade in zwei disjunkte Halbebenen (s. S.13). Beispielsweise ist in Fig. 2.169 das Innere des Vielecks gerastert.

Fig. 2.169   Fig. 2.170

Die **Fläche eines Vielecks** besteht aus der Menge der Punkte des Vielecks und den Punkten seines Inneren. Ist ein Vieleck aus Teilvielecken so zusammengesetzt, dass die Inneren der Teilvielecke paarweise disjunkt sind und dass die Vereinigung der Flächen der Teilvielecke die Fläche des Vielecks ergibt, so bilden die Teilvielecke eine **Zerlegung des Vielecks**. Fig. 2.170 zeigt eine solche Zerlegung. Zwei Vielecke sind **zerlegungsgleich**, wenn sie in paarweise kongruente Teilvielecke zerlegbar sind.

Jedes Parallelogramm ist zerlegungsgleich zu einem Rechteck. Wir bezeichnen die Ecken

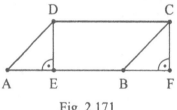

Fig. 2.171

des Parallelogramms so, dass der Fußpunkt E des Lotes von D auf AB nach $\overline{AB}$ fällt (Fig. 2.171). Das Dreieck AED verschieben wir längs AB, bis A auf B fällt. Die Dreiecke AED und BFC sind kongruent. Das Viereck EBCD ist zu sich selbst kongruent. Folglich ist das Parallelogramm ABCD zerlegungsgleich zum Rechteck EFCD.

Jedes Dreieck ist zerlegungsgleich zu einem Rechteck.

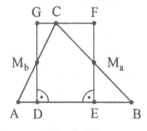

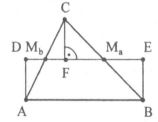

Fig. 2.172   Fig. 2.173

In Fig. 2.172 fällen wir von den Mittelpunkten M_a und M_b der Seiten $\overline{BC}$ und $\overline{AC}$ die Lote auf AB und erhalten deren Fußpunkte E und D. Die Dreiecke $AD\,M_b$ und $BE\,M_a$ werden an M_b bzw. M_a gespiegelt. Ihre Bilder sind die Dreiecke $CG\,M_b$ und $CF\,M_a$. Aus den Eigenschaften der Punktspiegelung folgt, dass das Viereck DEFG ein Rechteck ist. Das Fünfeck $DE\,M_a\,C\,M_b$ ist zu sich selbst kongruent. Insgesamt ist das Dreieck ABC zerlegungsgleich zum Rechteck DEFG. Völlig analog ergibt sich in Fig. 2.173 die Zerlegungsgleichheit des Dreiecks ABC und des Rechtecks ABED.

Übung 2.57: Zeigen Sie, dass in Fig. 2.174 das Dreieck ABC zerlegungsgleich ist zum Parallelogramm ABE M_b .

Zeigen Sie weiterhin, dass es zu jedem Trapez ein zerlegungsgleiches Rechteck und ein zerlegungsgleiches Parallelogramm gibt.

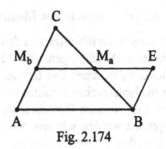

Fig. 2.174

Zum Flächeninhalt von Vielecken

Jedes einfache, geschlossene Vieleck besitzt bekanntlich einen Flächeninhalt. Die Größe des Flächeninhaltes gibt man beispielsweise in der Form A = 5,3 cm² an. Dabei ist cm² die Maßeinheit und 5,3 die Maßzahl. In der Umgangssprache werden die Begriffe Fläche, Flächeninhalt und Größe eines Flächeninhaltes oft synonym verwendet. Dies ist jedoch nicht korrekt.

Unter der Fläche eines Vielecks versteht man wie bereits gesagt die Punktmenge, die durch Vereinigung des Vielecks mit seinem Inneren entsteht. Es liegt zunächst nahe, kongruenten Vielecken den gleichen Flächeninhalt zuzuordnen. Aus dem Alltag wissen wir aber, dass es auch Vielecke unterschiedlicher Form mit gleichem Flächeninhalt gibt. Diese Fälle können mit Hilfe der Zerlegungsgleichheit von Vielecken erfasst werden.

Die Relation „... ist zerlegungsgleich zu ..." ist auf der Menge der Vielecke eine Äquivalenzrelation. Jedes Vieleck ist zu sich selbst kongruent und daher zerlegungsgleich (Reflexivität). Ist ein Vieleck V_1 zerlegungsgleich zu einem Vieleck V_2, so gilt auch das Umgekehrte (Symmetrie). Der Nachweis der Transitivität beruht auf folgender Idee. Ist V_1 zerlegungsgleich zu V_2 und V_2 zerlegungsgleich zu V_3, so verfeinert man die Zerlegung von V_2 so, dass die Zerlegungsgleichheit von V_2 und V_1 bzw. V_2 und V_3 in einfacher Weise folgt.

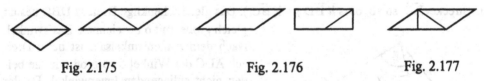

Fig. 2.175   Fig. 2.176   Fig. 2.177

In Fig. 2.175 ist die Raute zerlegungsgleich zum Parallelogramm. Das Parallelogramm ist zerlegungsgleich zu einem Rechteck (Fig. 2.176). Legt man die beiden Parallelogramme mit ihren Zerlegungen übereinander, so erhält man die in Fig. 2.177 angegebene Verfeinerung, aus der die Zerlegungsgleichheit des Parallelogramms zur Raute und zum Rechteck direkt abgelesen werden kann.

Die Menge der Vielecke zerfällt demnach in Klassen zerlegungsgleicher Vielecke. Unter einem **Flächeninhalt** versteht man eine Klasse zerlegungsgleicher Vielecke. Der Begriff Flächeninhalt schließt das Messen und das Berechnen der Größe des Flächeninhalts nicht ein. Dies sind eigenständige Verfahren, deren Grundzüge wir als bekannt ansehen.

2.9   Anwendungen in der Elementargeometrie

Die bisherigen Ausführungen zu den Kongruenzabbildungen waren zum größten Teil den verschiedenen Abbildungen, deren Eigenschaften sowie den Beziehungen zwischen den Abbildungen gewidmet. Der Schwerpunkt lag, wenn auch nicht explizit herausgearbeitet, auf der mathematischen Struktur dieser Thematik. Aussagen über Figuren kamen zumeist nur vor, weil sie zum Beweisen weiterer Aussagen über Abbildungen benötigt wurden. Im folgenden werden wir uns, wie bereits in den beiden vorangegangenen Abschnitten geschehen, dem formenkundlichen Aspekt zuwenden. Wir stellen zunächst einige Erklärungen und Sätze zusammen, die wir später benötigen.

Aus dem Satz über die Summe der Innenwinkel eines Dreiecks ergibt sich unmittelbar der **Außenwinkelsatz**.

Satz 2.26: Bei einem Dreieck ist jeder Außenwinkel so groß wie die Summe der beiden nicht anliegenden Innenwinkel.

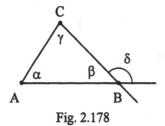

Fig. 2.178

Beweis: Im Dreieck ABC ist δ ein Außenwinkel von β (Fig. 2.178). Aus dem Innenwinkelsummensatz folgt $\beta = 180°-(\alpha+\gamma)$. Wegen $\beta = 180°-\delta$ ist $\delta = \alpha + \gamma$ wie behauptet.   ∎

Satz 2.27: Im Dreieck liegt der längeren von zwei Seiten der größere Winkel gegenüber.

Beweis: Im Dreieck ABC (Fig. 2.179) sei $l(\overline{AB}) > l(\overline{BC})$. Wir tragen auf $\overline{AB}$ von B aus die Strecke $\overline{BD}$ so ab, dass $l(\overline{BD}) = l(\overline{BC})$. Das gleichschenklige Dreieck DBC besitzt

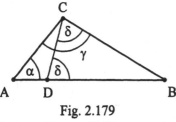

Fig. 2.179

gleich große, mit δ bezeichnete Basiswinkel. Nach dem Außenwinkelsatz ist beim Dreieck ADC der Winkel δ so groß wie die beiden nicht anliegenden Innenwinkel. Da der Innenwinkel bei C nicht der Nullwinkel ist, haben wir $\delta > \alpha$. Weil D im Inneren von $\overline{AB}$ liegt, ist $\gamma > \delta$. Aus diesen beiden Ungleichungen folgt schließlich $\gamma > \alpha$.   ∎

Ein Dreieck ist genau dann gleichschenklig, wenn zwei Innenwinkel gleich groß sind. Dies können wir in Ergänzung zu Beispiel 2.12 (S.77) so formulieren:

Folgerung 2.11: In einem Dreieck sind zwei Seiten genau dann gleich lang, wenn ihre gegenüberliegenden Winkel gleich groß sind.

Übung 2.58: Zeigen Sie, dass in einem Dreieck dem größeren von zwei Winkeln die längere Seite gegenüber liegt.

Hinweis: In Fig. 2.180 sei $\gamma > \alpha$. Wählen Sie D auf $\overline{AB}$ so, dass $\angle ACD = \alpha$, und zeigen Sie mit Hilfe der Dreiecksungleichung, dass $l(\overline{AB}) > l(\overline{BC})$.

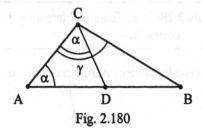

Fig. 2.180

Unter einer **Tangente** an einen Kreis im Punkt P versteht man eine Gerade, welche den Kreis in P berührt. P ist der einzige Punkt, den Kreis und Gerade gemeinsam haben. Für Konstruktionen benötigen wir eine weitere Kennzeichnung einer Tangente.

Gegeben sei ein Kreis mit Mittelpunkt M und Radius r. P sei ein Punkt des Kreises (Fig. 2.181). g sei eine Gerade, welche durch P geht und senkrecht zu r ist. Für jeden von P verschiedenen Punkt Q von g ist auf Grund der Dreiecksungleichung $l(\overline{MQ}) > r$. P ist der einzige gemeinsame Punkt des Kreises und der Geraden g. g ist die Tangente an den Kreis in P.

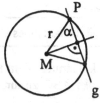

Fig. 2.181

Umgekehrt steht jede Gerade, welche den Kreis in nur einem Punkt P schneidet, senkrecht zum Radius $\overline{MP}$. Man zeigt dies indirekt.

Übung 2.59: In Fig. 2.182 sei g eine Gerade durch P, welche r unter dem Winkel α mit $\alpha < 90°$ schneidet. Zeigen Sie an Hand dieser Figur, dass g den Kreis in einem weiteren Punkt trifft. Bearbeiten sie auch den Fall $\alpha > 90°$.

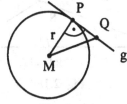

Fig. 2.182

Fassen wir die beiden letzten Aussagen zusammen, so erhalten wir

Folgerung 2.12: Eine Gerade ist genau dann Tangente an einen Kreis im Punkt P, wenn sie auf dem zu P gehörenden Radius $\overline{MP}$ senkrecht steht.

Durch einen Punkt A außerhalb des Kreises konstruiert man die Tangenten an den Kreis mit Hilfe des Thaleskreises über der Strecke $\overline{MA}$ (Fig. 2.183).

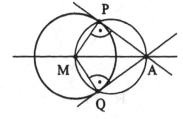

Fig. 2.183

Übung 2.60: Konstruieren Sie Kreise mit gegebenem Radius, welche zwei sich schneidende Geraden berühren.

Satz 2.28: Die Winkelhalbierenden der Innenwinkel eines Dreiecks schneiden sich in einem Punkt.

Beweis: Im Dreieck ABC bezeichnen α, β und γ die Innenwinkel bei A, B und C. S sei der

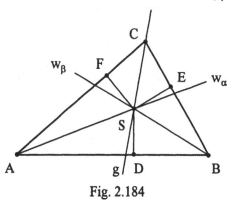

Fig. 2.184

Schnittpunkt der Winkelhalbierenden der Winkel α und β. $\overline{SD}$, $\overline{SE}$ und $\overline{SF}$ seien die Lote von S auf die Seiten des Dreiecks. Bei der Spiegelung an der Winkelhalbierenden w_α wird nach Abschnitt 2.1 (S.27) $\overline{SD}$ abgebildet auf $\overline{SF}$. Beide Lote sind gleich lang. Genau so folgt mittels der Spiegelung an der Winkelhalbierenden w_β die gleiche Länge der Lote $\overline{SD}$ und $\overline{SE}$. Demnach sind auch die Lote $\overline{SE}$ und $\overline{SF}$ gleich lang. Dann ist wiederum nach Abschnitt 2.1 die

Gerade g durch S und C die Winkelhalbierende von γ, d.h., alle drei Winkelhalbierenden gehen durch den Punkt S.   ∎

Folgerung 2.13: Der Kreis mit Mittelpunkt S und Radius $\overline{SD}$ berührt alle Dreiecksseiten. Der Schnittpunkt der Winkelhalbierenden ist der Mittelpunkt des **Inkreises** von Dreieck ABC.

Satz 2.29: Die Höhen eines Dreiecks schneiden sich in einem Punkt.

Beweis: Wir konstruieren ein Dreieck DEF, dessen Mittelsenkrechte mit den Höhen des Ausgangdreiecks ABC zusammenfallen. Da sich nach Satz 2.25 (S.82) die Mittelsenk-

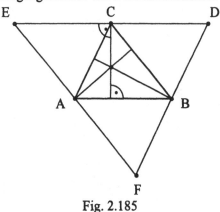

Fig. 2.185

rechten des Dreiecks DEF in einem Punkt schneiden, gilt das entsprechende für die Höhen des Dreiecks ABC. Dazu spiegeln wir das Dreieck ABC an den Mittelpunkten seiner drei Seiten. Bei der Spiegelung am Mittelpunkt von $\overline{BC}$ erhalten das Dreieck BCD. Da bei einer Punktspiegelung jede Gerade parallel ist zu ihrer Bildgeraden, ist das Viereck ABDC ein Parallelogramm mit gleich langen gegenüberliegenden Seiten. Genau so liefert die Spiegelung des Dreiecks ABC am Mittelpunkt von $\overline{AC}$ das Parallelogramm ABCE. E und D liegen auf der

Parallelen zu AB durch C, und C ist der Mittelpunkt von $\overline{DE}$. Die Höhe des Dreiecks ABC von C auf $\overline{AB}$ fällt mit der Mittelsenkrechte der Seite $\overline{DE}$ des Dreiecks DEF zusammen. Für die beiden anderen Höhen des Dreiecks ABC gilt das Entsprechende.   ∎

Der Satz über den Schnitt der Winkelhalbierenden ist naheliegend. Zum Bestimmen des Mittelpunktes einer kreisförmigen Scheibe benutzt man z.B. einen aus Holz ausgeschnittenen Winkel, dessen Winkelhalbierende mit Hilfe von Plexiglas markiert ist (Fig. 2.186). Man passt die Scheibe in den Winkel ein, zeichnet entlang der Plexiglaskante einen Durchmesser, dreht die Scheibe, zeichnet einen weiteren Durchmesser und erhält als Schnittpunkt der beiden Durchmesser den Mittelpunkt der Scheibe.

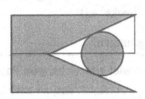

Fig. 2.186

Fig. 2.187

Wir stellen uns nun ein Dreieck vor, in welches Kreise eingepasst sind, die zwei Dreiecksseiten berühren (Fig. 2.187). Deren Mittelpunkte liegen auf der Winkelhalbierenden der beiden Seiten. Bei stetiger Vergrößerung der Kreise wird es vermutlich einen Kreis geben, welcher alle Dreiecksseiten berührt. Da es gleichgültig ist, von welchem Dreiecksseitenpaar man ausgeht, wird der Mittelpunkt dieses Kreises allen drei Winkelhalbierenden angehören.

Übung 2.61: In Fig. 2.184 (S.88) wird die Gerade AC durch die Spiegelung an $g = w_\gamma$ auf die Gerade BC abgebildet. Dasselbe leistet die Verkettung der drei Spiegelungen an w_α, an der zu AB senkrechten Geraden SD und an w_β. Folgern Sie daraus mit Hilfe des Dreispiegelungssatzes (S.82), dass sich die drei Winkelhalbierenden im Punkt S schneiden.

Hinweis: Orientieren Sie sich an der Begründung von Satz 2.25 (S.82).

Zu Vermutungen über derartige besondere Punkte im Dreieck kann man auch durch das Falten ausgeschnittener Papierdreiecke gelangen. Faltet man ein Dreieck so, dass jeweils zwei Seiten aufeinander fallen - bei unterschiedlichen Längen decken diese sich natürlich nur zum Teil -, so gehen die Faltlinien durch den Mittelpunkt des Inkreises. Der folgende Versuch gelingt nur mit spitzwinkligen Dreiecken. Man faltet das Dreieck so, dass jeweils zwei Ecken aufeinander fallen. Dann gehen die Faltlinien durch den Umkreismittelpunkt des Dreiecks.

Übung 2.62: Ermitteln Sie durch Falten eines spitzwinkligen Papierdreiecks dessen Höhenschnittpunkt.

Übung 2.63: Der Satz 2.29 über den Höhenschnittpunkt gilt für beliebige Dreiecke. Ersetzen Sie in Fig. 2.185 das spitzwinklige Dreieck ABC durch ein stumpfwinkliges und zeigen Sie, dass der Satz auch in diesem Fall richtig ist. Wo liegt der Höhenschnittpunkt eines rechtwinkligen Dreiecks?

In Abschnitt 2.5.2 hatten wir folgende Aussagen über die Mittelparallelen von parallelen Geraden g und h erhalten. A und B seien zwei beliebige Punkte auf g bzw. h.

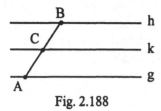

Fig. 2.188

Ist C der Mittelpunkt der Strecke $\overline{AB}$, so ist die Parallele k zu g und h durch C die Mittelparallele von g und h.

Ist k die Mittelparallele von g und h, so halbiert k die Strecke $\overline{AB}$.

Aus diesem Sachverhalt ergibt sich eine Reihe von Folgerungen.

Satz 2.30: g und h seien zwei beliebige Geraden. Schneidet eine Schar von Parallelen k_1, k_2, k_3 ... aus g gleich lange Strecken $\overline{A_1A_2}$, $\overline{A_2A_3}$ ... aus, so auch aus der Geraden h.

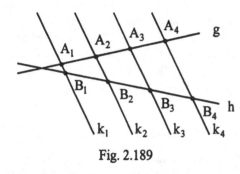

Fig. 2.189

Beweis: Von je drei aufeinanderfolgenden Geraden der Parallelenschar ist die zweite die Mittelparallele der beiden anderen. Nach dem Vorigen halbiert k_2 die Strecke $\overline{B_1B_3}$. Daher sind $\overline{B_1B_2}$ und $\overline{B_2B_3}$ gleich lang. Genau so folgt, dass $\overline{B_2B_3}$ und $\overline{B_3B_4}$ gleich lang sind usw. ∎

Satz 2.31: Im Dreieck teilen sich die Seitenhalbierenden im Verhältnis 2 : 1.

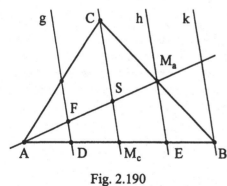

Fig. 2.190

Beweis: S sei der Schnittpunkt der Seitenhalbierenden $\overline{CM_c}$ und $\overline{AM_a}$. D sei der Mittelpunkt von $\overline{AM_c}$ und E der von $\overline{BM_c}$. Dann sind die vier Teilstrecken von $\overline{AB}$ gleich lang. Durch D, E und B legen wir Parallele g, h und k zu CM_c. h geht als Mittelparallele von CM_c und k durch M_a. Nach Satz 2.30 sind die Strecken $\overline{AF}$, $\overline{FS}$ und $\overline{SM_a}$ gleich lang. Wegen $l(\overline{AS}) = 2\,l(\overline{SM_a})$ verhalten sich die Maßzahlen von $l(\overline{AS})$ und $l(\overline{SM_a})$ wie 2 : 1.

S teilt die Seitenhalbierende $\overline{AM_a}$ im Verhältnis 2 : 1. Da keine der Seitenhalbierenden vor der anderen ausgezeichnet ist, teilt auch die Seitenhalbierende $\overline{AM_a}$ die Seitenhalbierende $\overline{CM_c}$ im Verhältnis 2 : 1. ∎

Übung 2.64: In jedem Viereck sind folgende Punkte Ecken eines Parallelogramms:

a) die Mittelpunkte der Seiten,

b) die Mittelpunkte zweier Gegenseiten und die Mittelpunkte der Diagonalen.

Übung 2.65: Gegeben seien ein Halbkreis und der Thaleskreis über dessen Radius $\overline{MA}$ (Fig. 2.191). Zeigen Sie, dass der Thaleskreis jede Sehne $\overline{AB}$ halbiert.

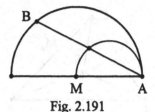

Fig. 2.191

Übung 2.66: Teilen Sie eine gegebene Strecke mit Zirkel und Lineal in drei (fünf) gleich lange Teilstrecken.

Hinweis: Verwenden Sie Satz 2.30.

Übung 2.67: Zwei Kreise mit den Mittelpunkten M_1 und M_2 schneiden sich in A und B. M sei der Mittelpunkt von $\overline{M_1M_2}$. Die Senkrechte zu MA durch A schneidet aus beiden Kreisen gleich lange Sehnen aus (Fig. 2.192). Welcher Punkt ist an Stelle von M auf $\overline{M_1M_2}$ zu wählen, dass bei der

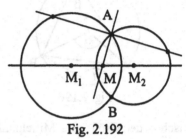

Fig. 2.192

analogen Konstruktion die eine Sehne doppelt (dreimal) so lang ist wie die andere?

Übung 2.68: Gegeben seien wiederum zwei Kreise mit den Mittelpunkten M_1 und M_2, welche sich in A und B schneiden (Fig. 2.193). Die Gerade AM_1 schneidet den Kreis um M_1 in C, AM_2 schneidet den Kreis um M_2 in D. Zeigen Sie, dass B, C und D auf einer Geraden liegen.

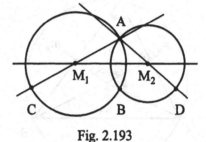

Fig. 2.193

Übung 2.69: Im Parallelogramm ABCD sei M_b der Mittelpunkt der Seite $\overline{BC}$, M_c der von $\overline{CD}$ (Fig. 2.194). $\overline{AM_b}$ und $\overline{AM_c}$ teilen die Diagonale $\overline{BD}$ in drei gleich lange Strecken.

Hinweis: Wenden Sie Satz 2.31 auf die kongruenten Dreiecke ABC und CDA an.

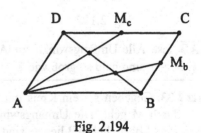

Fig. 2.194

Satz 2.32: Die Seitenhalbierenden eines Dreiecks schneiden sich in einem Punkt.

Beweis: Nach Satz 2.31 schneidet die Seitenhalbierende $\overline{AM_a}$ die Seitenhalbierende

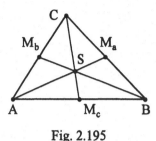

Fig. 2.195

$\overline{CM_c}$ im Punkt S so, dass $l(\overline{SC}) = 2\,l(\overline{SM_c})$ (Fig. 2.195). Die Seitenhalbierende $\overline{BM_b}$ schneidet die Strecke $\overline{CM_c}$ im Punkt T so, dass $l(\overline{TC}) = 2\,l(\overline{TM_c})$. Da es auf $\overline{CM_c}$ nur einen solchen Teilungspunkt gibt, ist $S = T$, d.h., alle drei Seitenhalbierenden gehen durch einen Punkt. ∎

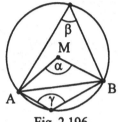

Fig. 2.196

Gegeben seien ein Kreis mit Mittelpunkt M und eine Sehne $\overline{AB}$ (Fig. 2.196). Dann ist α der **Mittelpunktswinkel** zu $\overline{AB}$. Die Winkel β und γ, deren Scheitel auf einem Kreisbogen zwischen A und B liegen und deren Schenkel durch A bzw. B gehen, sind **Umfangswinkel** zu $\overline{AB}$.

Zwischen der Größe des Mittelpunktswinkels und der Größe der Umfangswinkel, die

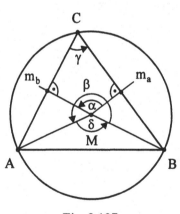

Fig. 2.197

zum gleichen Kreisbogen gehören, besteht ein einfacher Zusammenhang (Fig. 2.197). Die Gerade MB wird bei der Doppelspiegelung an den Mittelsenkrechten m_a von $\overline{BC}$ und der Mittelsenkrechten m_b von $\overline{AC}$ auf die Gerade MA abgebildet. Insgesamt handelt es sich um eine Drehung um M mit dem Drehwinkel $\beta = 2\alpha$, wobei α der Winkel zwischen m_a und m_b ist. Da im Viereck die Summe der Innenwinkel 360° beträgt, ist $\gamma = 180° - \alpha$. Aus $\delta = 360° - \beta$, $\beta = 2\alpha$ und $\alpha = 180° - \gamma$ folgt $\delta = 2\gamma$. Bei festem A und B ist auch der Mittelpunktswinkel δ zu $\overline{AB}$ fest. Alle Umfangswinkel zu $\overline{AB}$, deren Scheitel auf dem gleichen Kreisbogen wie C liegen, sind halb so groß wie δ.

Satz 2.33: Gegeben sei ein Kreis mit Mittelpunkt M. $\overline{AB}$ sei eine Sehne, die nicht durch M geht. Die Umfangswinkel, deren Scheitel in der gleichen Halbebene wie M bezüglich AB liegen, sind halb so groß wie der Mittelpunktswinkel.

Den Umfangswinkelsatz 2.33 kann man auf folgende Weise plausibel machen. Zeichnet man über einer Sehne zum gleichen Kreisbogen verschiedene Umfangswinkel und misst diese, so ergeben sich im Rahmen der Messgenauigkeit gleiche große Winkel (Fig. 2.198). Der Zusammenhang mit dem Mittelpunktswinkel ergibt sich aus dem in Fig. 2.199 dargestellten Sonderfall. Diesen können wir auf zwei Arten interpretieren. Wir sehen zuerst $\overline{AB}$ als Sehne an. Aus der Gleichheit der Stufenwinkel $\angle\,AMD$ und $\angle\,ACB$ und der Achsensymmetrie des Dreiecks ABM bezüglich MD ergibt sich, dass in diesem Fall der Umfangswinkel doppelt so groß ist wie der Mittelpunktswinkel.

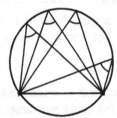

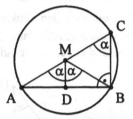

Fig. 2.198   Fig. 2.199

Betrachten wir $\overline{AC}$ als Sehne durch den Mittelpunkt des Kreises, so ist der zugehörige Mittelpunktswinkel ein gestreckter Winkel. Nach dem Satz des THALES ist jeder Umfangswinkel ein rechter Winkel, also wiederum halb so groß wie der Mittelpunktswinkel.

Übung 2.70: In Fig. 2.200 liegen die Ecken des Vierecks ABCD auf einem Kreis mit Mittelpunkt M. ABCD ist ein **Sehnenviereck**. Zeigen Sie, dass in einem Sehnenviereck gegenüberliegende Innenwinkel zusammen 180° messen.

Hinweis: Beachten Sie, dass Dreiecke wie z.B. ABM gleichschenklig sind.

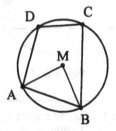

Fig. 2.200

Übung 2.71: In Fig. 2.201 liegen der Mittelpunkt M des Kreises und der Scheitel D des Umfangswinkels β auf verschiedenen Seiten von AB. Zeigen Sie, dass alle Umfangswinkel, deren Scheitel auf dem gleichen Kreisbogen wie D liegen, gleich groß sind.
Hinweis: Geben Sie β mit Hilfe des Mittelpunktswinkels δ an.

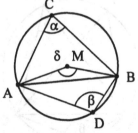

Fig. 2.201

Übung 2.72: Gegeben sei eine Strecke $\overline{AB}$. Konstruieren Sie mit Zirkel und Lineal über $\overline{AB}$ einen Kreisbogen, so dass der zugehörige Umfangswinkel 30° misst.

Satz 2.33 besagt, dass man eine Strecke $\overline{AB}$ von den Punkten eines Kreisbogens mit den Endpunkten A und B stets unter gleichem Blickwinkel sieht, d.h., die Strecke erscheint uns von diesen Punkten aus gleich lang. Von diesem Satz gilt auch die Umkehrung.

Satz 2.34: Gegeben seien eine Strecke $\overline{AB}$ und ein Punkt C, welcher nicht auf der Geraden AB liegt. Dann liegen alle Punkte D, für die die Winkel $\angle ACB$ und $\angle ADB$ gleich groß sind, auf einem Kreisbogen durch C mit den Endpunkten A und B.

Beweis: Wir zeichnen den Umkreis des Dreiecks ABC und zeigen, dass alle Punkte D, für welche die Winkel $\angle ACB$ und $\angle ADB$ gleich groß sind, auf dem gleichen Kreisbogen wie C liegen. Dabei gehen wir indirekt vor.

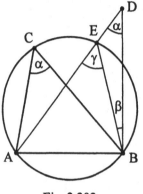

Fig. 2.202

Wir nehmen an, dass es einen Punkt D dieser Art gibt, welcher nicht auf diesem Kreisbogen liegt. D liege außerhalb des Kreises, in der gleichen Halbebene bezüglich AB wie C und in der gleichen Halbebene bezüglich AC wie B (Fig. 2.202). Die Gerade AD schneide den Kreis in E. Nach dem Außenwinkelsatz 2.26 (S.86) ist am Dreieck BDE $\gamma = \alpha + \beta$, d.h. $\gamma > \alpha$. Dies ist ein Widerspruch zum Umfangswinkelsatz 2.33 (S.92), nach dem $\gamma = \alpha$ ist.   ∎

Satz 2.35: Beträgt in einem Viereck ABCD die Summe zweier gegenüberliegender Innenwinkel 180°, so liegen A, B, C und D auf einem Kreis (Fig. 2.203).

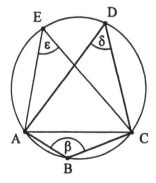

Fig. 2.203

Beweis: Im Viereck ABCD sei $\beta + \delta = 180°$. E sei ein Punkt auf dem Kreis durch A, B und C, der in derselben Halbebene bezüglich AC liegt wie D. Nach Übung 2.70 ist im Sehnenviereck ABCE $\beta + \varepsilon = 180°$. Daraus und aus der Voraussetzung folgt $\varepsilon = \delta$. Dann liegt D nach dem vorigen Satz 2.34 auf demselben Kreisbogen über $\overline{AB}$ wie E. ∎

Übung 2.73: Gegeben ist ein Kreis mit Mittelpunkt M. $\overline{AB}$ und $\overline{CD}$ seien zwei gleich lange Sehnen. Der Punkt E auf dem Kreis liege bezüglich AB und CD in derselben Halbebene wie M (Fig. 2.204). Dann sind die Umfangswinkel $\angle$ AEB und $\angle$ CED gleich groß.

Betrachtet man ein regelmäßiges n - Eck aus einer Ecke, so erscheinen alle Seiten gleich lang.

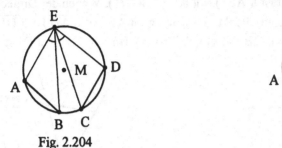

Fig. 2.204   Fig. 2.205

Übung 2.74: In Fig. 2.205 ist der Winkel α zweimal von E aus abgetragen worden. Zeigen Sie, dass die Sehnen $\overline{AB}$ und $\overline{BC}$ gleich lang sind.

Übung 2.75: In Fig. 2.206 ist ein Kreis mit einer Sehne $\overline{AB}$ gegeben. C sei ein beliebiger Punkt auf einem der beiden Kreisbögen zwischen A und B. Die Winkelhalbierende des Winkels $\angle$ ACB schneide den Kreis in E. Zeigen Sie, dass E nicht von der Lage von C auf dem Kreisbogen abhängt.

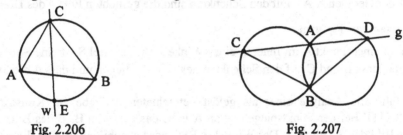

Fig. 2.206   Fig. 2.207

Übung 2.76: Gegeben seien zwei Kreise mit gleichem Radius, welche sich in den Punkten A und B schneiden (Fig. 2.207). Eine Gerade g durch A schneide die Kreise in C bzw. D. Zeigen Sie, dass das Dreieck CBD gleichschenklig ist.

Übung 2.77: Ein Schiff befindet sich auf See am Punkt D (Fig. 2.208). Das Anpeilen dreier Markierungen A, B und C auf dem Lande, deren gegenseitige Lage aus einer Karte genau bekannt ist, liefert die Winkel α und β. Konstruieren Sie D. In welchem Fall versagt die Konstruktion?

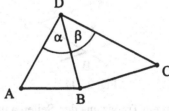

Fig. 2.208

Hinweis: Die Punkte, von denen aus $\overline{AB}$ unter dem Winkel α zu sehen ist, liegen auf einem Kreis durch A, B und D. Das Analoge gilt für $\overline{BC}$ und β.

Extremwertaufgaben

1. Gegeben seien eine Gerade g und zwei Punkte A und B in einer Halbebene bezüglich g. Gesucht ist der Punkt C auf g, für den die Abstandssumme von A und B minimal ist (Fig. 2.209).

Wir spiegeln den Punkt B an g und erhalten B′. Der Schnittpunkt C von g und AB′ ist der gesuchte Punkt. Zunächst ist $l(\overline{AB'}) = l(\overline{AC}) + l(\overline{CB})$. Wegen der Dreiecksungleichung ist für jeden anderen Punkt D von g $l(\overline{AB'}) < l(\overline{AD}) + l(\overline{DB'})$. Mit $l(\overline{AD}) + l(\overline{DB'}) = l(\overline{AD}) + l(\overline{DB})$ folgt $l(\overline{AC}) + l(\overline{CB}) < l(\overline{AD}) + l(\overline{DB})$.

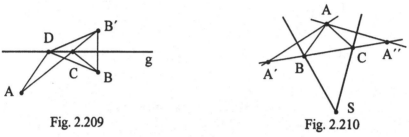

Fig. 2.209   Fig. 2.210

2. Im Inneren eines spitzen Winkels mit Scheitel S sei ein Punkt A gegeben (Fig. 2.210). Gesucht ist ein Dreieck minimalen Umfangs, dessen eine Ecke A ist und dessen andere Ecken auf den Schenkeln des Winkels liegen.

Wir spiegeln A an den beiden Schenkeln und erhalten A′ und A″. Die Schnittpunkte B und C der Geraden A′A″ mit den Schenkeln sind die gesuchten Ecken des Dreiecks.

Einpassen von Figuren

1. Durch einen Punkt A im Inneren eines Winkels mit Scheitel S ist eine Strecke $\overline{BC}$ so zu legen, dass B und C auf den Schenkeln des Winkels liegen und dass A die Strecke halbiert.

Hier führt die Analyse einer als gelöst betrachteten Aufgabe zur Konstruktionsidee (Fig. 2.211). Bei der Punktspiegelung an A ist C das Bild von B, B das Bild von C und S′ das Bild des Scheitels S. Der Winkel $\angle$ BSC wird abgebildet auf den Winkel $\angle$ CS′B. Daraus ergibt sich direkt die Lösung der Aufgabe. Wir spiegeln den gegebenen Winkel am Punkt A. B und C sind die Schnittpunkte des Winkels mit seinem Bild.

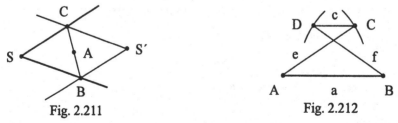

Fig. 2.211   Fig. 2.212

2. Es ist ein Trapez aus den Seiten a und c sowie den Diagonalen e und f zu konstruieren. Bei dieser Aufgabe könnte man Kreisbögen um A mit Radius e und um B mit Radius f schlagen und versuchen, c parallel zu AB zwischen beide Bögen einzupassen (Fig. 2.212). Dabei sind gelegentlich kinematische Vorstellungen folgender Art hilfreich.

Verschiebt man D auf dem Kreisbogen um B mit Radius f, so durchläuft der andere Endpunkt C der Seite c einen Kreisbogen mit
dem gleichen Radius. Sein Mittelpunkt E
liegt auf AB und ist gegenüber B um c verschoben (Fig. 2.213). C ist der Schnittpunkt
dieses Kreisbogens mit dem Kreisbogen um
A. Damit ist die Konstruktion des Punktes
C klar. Man verlängert $\overline{AB}$ um c und erhält

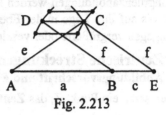

Fig. 2.213

E. Um A wird ein Kreisbogen mit Radius e gezeichnet, um E ein Kreisbogen mit Radius
f. Ihr Schnittpunkt ist C. Das Abtragen der Strecke c von C aus parallel zu AB liefert
schließlich D.

Die in Beispiel 2.4 (S.41) beschriebene Konstruktion eines Trapezes aus seinen vier Seiten beruht im Prinzip auf dem gleichen Verfahren.

Übung 2.78: Gegeben seien zwei Kreise mit den Radien 4 cm und 3 cm. Ihre Mittelpunkte sind 10 cm voneinander entfernt. Konstruieren Sie ein Rechteck mit der Länge
6 cm, dessen Ecken auf diesen Kreisen liegen.

3. Wir zeichnen ein gleichseitiges Dreieck
ABC und drei parallele Geraden g, h und k
durch dessen Ecken (Fig. 2.214). Die gesamte Figur wird auf Transparentpapier kopiert und um C um 60° gedreht. Dabei wird
A auf B abgebildet. Das Bild h´ der Geraden
h durch A geht folglich durch B.

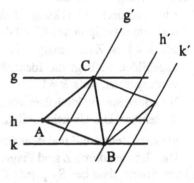

Übung 2.79: g, h und k seien parallele Geraden. Zeichnen Sie ein gleichseitiges Dreieck, dessen Ecken auf diesen Geraden liegen.

Fig. 2.214

4. Zwei Kreise, welche sich in den Punkten
A und B schneiden, haben die gemeinsame,
gleich lange Sehne $\overline{AB}$ (Fig. 2.215). Kopieren Sie die Figur auf Transparentpapier und
führen Sie damit eine Halbdrehung um A
(B) aus. Die Figur samt ihrer Kopie lässt in
beiden Kreisen weitere gleich lange Sehnen
erkennen.

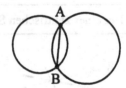

Fig. 2.215

Übung 2.80: Gegeben seien zwei Kreise, die sich in den Punkten A und B schneiden.
Konstruieren Sie mittels einer Punktspiegelung eine von AB verschiedene Gerade durch
A, welche aus beiden Kreisen gleich lange Sehnen ausschneidet. Klären Sie den Zusam-
menhang mit der in Übung 2.67 (S.91) angegebenen Konstruktion.

3 Ähnlichkeitsabbildungen

Bei Kongruenzabbildungen werden Figuren auf deckungsgleiche Figuren abgebildet, sie bleiben bis auf ihre Lage in der Ebene völlig unverändert. Ähnlichkeitsabbildungen liefern hingegen vergrößerte oder verkleinerte Bilder von Figuren.

3.1 Zentrische Streckungen

3.1.1 Abbildungsvorschrift und Eigenschaften

Gegeben seien ein Punkt Z, das **Zentrum** der Streckung, und eine reelle Zahl $k \neq 0$, der

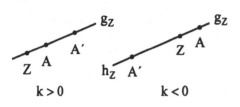

$k > 0$ $k < 0$

Fig. 3.1

Streckfaktor. Zu einem Punkt erhält man dessen Bild wie folgt (Fig. 3.1). Z bleibt fest, d.h. $Z = Z'$. Für $A \neq Z$ und $k > 0$ liegt das Bild A' auf der Halbgeraden g_Z von Z durch A, und es ist $l(\overline{ZA'}) = k \cdot l(\overline{ZA})$. Ist $k < 0$, so liegt A' auf der zu g_Z komplementären Halbgeraden h_Z, und es ist

$l(\overline{ZA'}) = |k| \cdot l(\overline{ZA})$, wobei $|k|$ der Betrag von k ist. Wir bezeichnen diese Abbildung durch $S_{Z,k}$. Einige Eigenschaften der zentrischen Streckung ergeben sich unmittelbar aus der Abbildungsvorschrift.

- Eine zentrische Streckung ist durch die Angabe des Zentrums, eines Punktes A und seines Bildpunktes A' auf der Geraden ZA eindeutig bestimmt.
- Für $k \neq 1$ ist Z der einzige Fixpunkt. Ist $k = 1$, so wird jeder Punkt auf sich selbst abgebildet, es liegt die Identität vor. Im weiteren sei, wenn nicht ausdrücklich vorausgesetzt, stets $k \neq 1$.
- Verschiedene Punkte haben verschiedene Bildpunkte. Die zentrische Streckung ist umkehrbar. Die Umkehrabbildung von $S_{Z,k}$ ist die zentrische Streckung mit dem gleichen Zentrum Z und dem Streckfaktor $1/k$.
- Die Geraden durch Z sind Fixgeraden.

Man kann zeigen, dass bei $S_{Z,k}$ jede Gerade auf eine Gerade abgebildet wird. Da dieser Nachweis weitergehende Hilfsmittel erfordert, entnehmen wir der Anschauung:

- Die zentrische Streckung ist geradentreu.

Satz 3.1: Bei einer zentrischen Streckung sind Gerade und Bildgerade parallel.

Fig. 3.2

Beweis: Dies gilt zunächst für alle Geraden durch Z. Im Falle einer Geraden g, die Z nicht trifft, gehen wir indirekt vor (Fig. 3.2). Wir nehmen an, dass die Gerade g ihre Bildgerade g' im Punkt S schneidet. Das Bild von S liegt auf g' und der Geraden ZS, fällt also mit S zusammen. Demnach wäre S ein zweiter Fixpunkt der zentrischen Streckung. Dies ist nach dem Vorigen unmöglich. ∎

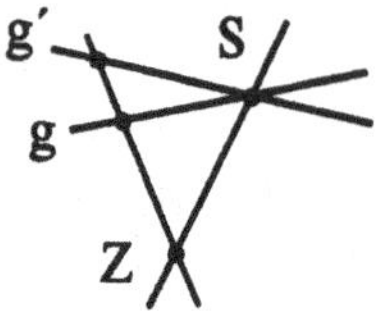

Zwischen dem Vergrößern und dem zentrischen Strecken von Figuren besteht folgender Zusammenhang. ε_1 und ε_2 seien zwei parallele Ebenen (Fig. 3.3). Die von einer punktförmigen Lichtquelle L ausgehenden Strahlen treffen in der Ebene ε_1 auf ein Dreieck und erzeugen in der Ebene ε_2 ein vergrößertes Schattenbild des Dreiecks. Stellen wir uns vor, dass die gesamte Anordnung durch eine senkrechte Parallelprojektion auf die Ebene ε_2 abgebildet wird, so erhalten wir die Fig. 3.4.

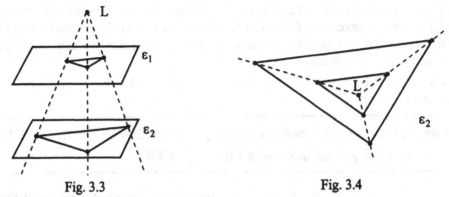

Fig. 3.3   Fig. 3.4

Die Dreiecke gehen - ohne dass wir dies hier begründen - durch zentrische Streckungen mit Zentrum L′ auseinander hervor. Die zentrischen Streckungen stellen somit ein Verfahren dar, Figuren in der Ebene konstruktiv zu vergrößern oder zu verkleinern. Die Fig. 3.4 lässt vermuten, dass zentrische Streckungen geradentreu und streckentreu sind, dass Gerade und Bildgerade parallel sind und dass Winkel auf gleich große Winkel abgebildet werden.

Übung 3.1: Zeigen Sie, dass bei einer zentrischen Streckung $S_{Z,k}$ jede Strecke $\overline{AB}$, die auf einer Geraden durch das Zentrum Z liegt, auf eine Strecke der Länge $|k| \cdot l(\overline{AB})$ abgebildet wird.

Im Alltag versteht man unter „Strecken" i.allg. Verlängern, Vergrößern o.ä. Bei der zentrischen Streckung einer Figur trifft dies nur für $|k| > 1$ zu (Fig. 3.5). Wenn $1 > |k| > 0$ ist, wird die Figur gestaucht (Fig. 3.6).

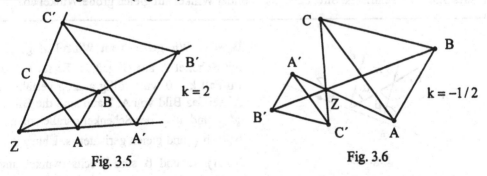

Fig. 3.5   Fig. 3.6

Aus den beiden Figuren geht zudem hervor, dass bei einer zentrischen Streckung sowohl für $k > 0$ als auch für $k < 0$ der Umlaufsinn des Dreiecks ABC erhalten bleibt.

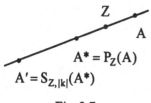

Fig. 3.7

Eine zentrische Streckung mit Zentrum Z und Streckfaktor k < 0 kann man als Verkettung einer Punktspiegelung P_Z mit Zentrum Z und der Streckung mit Zentrum Z und Streckfaktor |k| > 0 auffassen (Fig. 3.7). Die beiden Abbildungen sind vertauschbar.

Bei einer zentrischen Streckung haben verschiedene Punkte verschiedene Bildpunkte. Folglich werden Strecken auf Strecken abgebildet. Da eine Punktspiegelung Strecken auf gleich lange Strecken abbildet und parallelentreu ist, brauchen wir den folgenden Satz nur für k > 0 zu begründen.

Nach Übung 3.1 ist zu vermuten, dass die Bildstrecke die |k| - fache Länge der Urbildstrecke besitzt.

Satz 3.2: Bei einer zentrischen Streckung $S_{Z,k}$ ist jede Strecke $\overline{AB}$ zu ihrer Bildstrecke $\overline{A'B'}$ parallel, und es ist $l(\overline{AB}) = |k| \cdot l(\overline{AB})$.

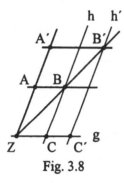

Fig. 3.8

Beweis: Es sei k > 0. Die Parallelität von $\overline{AB}$ und $\overline{A'B'}$ in Fig. 3.8 folgt aus Satz 3.1. g sei die Parallele zu AB durch Z und h die Parallele zu ZA durch B. Der Schnittpunkt C von g und h wird durch $S_{Z,k}$ auf C' abgebildet. Das Bild h' von h geht durch C' und B' und ist nach Satz 3.1 parallel zu h. Die Vierecke ZCBA und ZC'B'A' sind Parallelogramme. Aus $l(\overline{AB}) = l(\overline{ZC})$, $l(\overline{A'B'}) = l(\overline{ZC'})$ und $l(\overline{ZC'}) = k \cdot l(\overline{ZC})$ folgt $l(\overline{A'B'}) = k \cdot l(\overline{AB})$. ■

Satz 3.3: Eine zentrische Streckung $S_{Z,k}$ bildet Winkel auf gleich große Winkel ab.

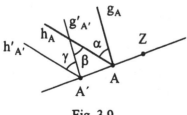

Fig. 3.9

Beweis: Wir gehen vom Winkel $\angle g_A, h_A$ mit Scheitel A aus (Fig. 3.9). Es sei k > 0. Im Fall k < 0 wird völlig analog verfahren. A' sei das Bild von A. Dann sind die Bilder $g'_{A'}$ und $h'_{A'}$ der Schenkel parallel zu g_A bzw. h_A und gleich gerichtet (s. Übung 3.3, S.101). α und β sind Wechselwinkel und damit gleich groß. Aus dem gleichen Grunde sind β und γ gleich groß. Insgesamt sind α und γ gleich groß. ■

Beispiel 3.1: Eine Streckung $S_{Z,k}$ sei durch das Zentrum Z, den Punkt A und dessen

Bild A′ auf der Geraden g gegeben
(Fig. 3.10). Es soll das Bild eines Punktes
B, der nicht auf g liegt, konstruiert werden.
Man zeichnet zuerst die Gerade h durch Z
und B und anschließend die Gerade AB.
Das Bild von AB bei $S_{Z,k}$ geht durch A′

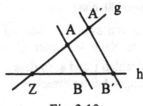

und ist parallel zu AB. Das Bild B′ von B

Fig. 3.10

liegt auf h und auf dieser Parallelen zu AB, ist also der Schnittpunkt der beiden Geraden.

Übung 3.2: Konstruieren Sie unter den gleichen Voraussetzungen das Bild eines Punktes
C, welcher auf der Geraden g liegt.

Übung 3.3: Zeigen Sie: Bei einer Streckung
$S_{Z,k}$ wird jede Halbgerade auf eine Halbgerade abgebildet. Ist $k > 0$, so sind beide
Halbgeraden gleich gerichtet. Im Fall $k < 0$
sind   sie   entgegengesetzt   gerichtet
(Fig. 3.11).

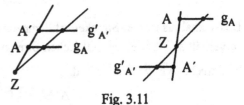

Fig. 3.11

Übung 3.4: Zeigen Sie, dass ein Kreis bei einer zentrischen Streckung $S_{Z,k}$ auf einen
Kreis abgebildet wird. Das Zentrum Z sei vom Mittelpunkt des Kreises verschieden.
Konstruieren Sie sein Bild bei $S_{Z,2}$ mit Zirkel und Lineal.

Übung 3.5: In Fig. 3.12 sei das Dreieck
DEF das Mittendreieck des Dreiecks ABC.
Geben Sie eine zentrische Streckung an,
welche das Dreieck ABC auf sein Mittendreieck abbildet.

Hinweis: Beachten Sie Satz 2.31 (S. 90).

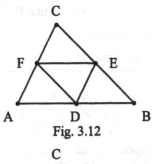

Fig. 3.12

Beispiel 3.2: Einem Dreieck ABC ist ein
Quadrat DEFG einzubeschreiben mit D und
E auf $\overline{AB}$, F auf $\overline{BC}$ und G auf $\overline{AC}$. Man
zeichnet ein Quadrat mit zwei Ecken auf
$\overline{AB}$ und der dritten Ecke auf $\overline{AC}$
(Fig. 3.13). Dieses wird von A aus gestreckt,
bis die vierte Ecke auf $\overline{BC}$ fällt.

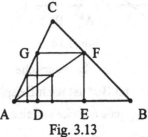

Fig. 3.13

Übung 3.6: Gegeben seien ein Winkel und ein Punkt P im Inneren des Winkels. Konstruieren Sie einen Kreis durch P, der die Schenkel des Winkels berührt (2 Lösungen).

Übung 3.7: Konstruieren Sie ein Dreieck mit $\alpha = 70°$, $\beta = 50°$ und $w_\alpha = 4\,\text{cm}$.

3.1.2 Strahlensätze

Streckenverhältnisse

Wir gehen von zwei Strecken $\overline{AB}$ und $\overline{CD}$ aus, wobei $\overline{CD}$ von der Nullstrecke verschieden ist. Nach Abschnitt 1.2 (S.13) gibt es nach Auszeichnung einer Maßeinheit ME zwei Maßzahlen r und s, so dass $l(\overline{AB}) = r$ ME und $l(\overline{CD}) = s$ ME. Unter dem Verhältnis der Längen beider Strecken verstehen wir das Verhältnis ihrer Maßzahlen:

$$l(\overline{AB}) : l(\overline{CD}) = r : s = \frac{r}{s}$$

Statt vom Verhältnis der Längen der Strecken spricht man üblicherweise vom Verhältnis der Strecken und bezeichnet dieses kurz durch

$$\overline{AB} : \overline{CD} = r : s = \frac{r}{s}$$

Das Verhältnis zweier Strecken ist demnach eine nicht negative reelle Zahl. Beispielsweise verhält sich bei einer zentrischen Streckung $S_{Z,k}$ die Bildstrecke $\overline{A'B'}$ zu ihrer Urbildstrecke $\overline{AB}$ wie $|k|$ zu 1, d.h.

$$\overline{A'B'} : \overline{AB} = |k| : 1 = |k|.$$

Strahlensätze

Geraden, die durch einen Punkt Z gehen, bilden ein Geradenbüschel mit Zentrum Z.

Satz 3.4: Werden zwei Geraden g und h eines Büschels mit Zentrum Z von zwei parallelen Geraden AA* und BB* geschnitten, so gilt (Fig. 3.14, 3.15):

   1. Strahlensatz $\overline{ZA} : \overline{ZB} = \overline{ZA*} : \overline{ZB*}$

   2. Strahlensatz $\overline{ZA} : \overline{ZB} = \overline{AA*} : \overline{BB*}$

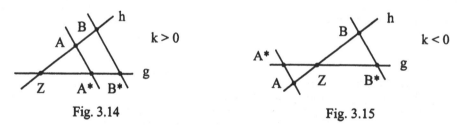

Fig. 3.14   Fig. 3.15

Beweis: $S_{Z,k}$ sei die zentrische Streckung, die A auf B abbildet. Wegen der Parallelität von AA* und BB* ist nach Beispiel 3.1 B* das Bild von A* bei $S_{Z,k}$. Da bei der Streckung $S_{Z,k}$ jede Strecke auf eine Strecke $|k|$ - facher Länge abgebildet wird, ist

$$l(\overline{ZB}) = |k| \cdot l(\overline{ZA}) \qquad l(\overline{ZB*}) = |k| \cdot l(\overline{ZA*}) \qquad l(\overline{BB*}) = |k| \cdot l(\overline{AA*})$$

und damit

$$\overline{ZA} : \overline{ZB} = \overline{ZA*} : \overline{ZB*} = \frac{1}{|k|} \qquad \overline{ZA} : \overline{ZB} = \overline{AA*} : \overline{BB*} = \frac{1}{|k|}. \qquad \blacksquare$$

Folgerung 3.1: Unter den Voraussetzungen des Satzes 3.4 folgt aus Fig. 3.14 (hier für den Fall k > 1) $l(\overline{AB}) = l(\overline{ZB}) - l(\overline{ZA}) = (k-1) \cdot l(\overline{ZA})$

$$l(\overline{A^*B^*}) = l(\overline{ZB^*}) - l(\overline{ZA^*}) = (k-1) \cdot l(\overline{ZA^*})$$

und damit

$$\overline{AB} : \overline{A^*B^*} = \overline{ZA} : \overline{ZA^*}.$$

Übung 3.8: Zwei Geraden g und h eines Büschels werden von vier paarweise parallelen Geraden CA, DB, PR und QS geschnitten (Fig. 3.16). Zeigen Sie, dass $\overline{AB} : \overline{CD} = \overline{PQ} : \overline{RS}$.

Hinweis: Beachten Sie die obige Folgerung und den ersten Strahlensatz.

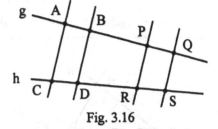

Fig. 3.16

Übung 3.9: Zeigen Sie, dass das Verhältnis zweier Strecken gegenüber einer zentrischen Streckung invariant ist.

Auf dieser Eigenschaft beruhen Konstruktionen folgender Art.

Beispiel 3.3: Es ist ein Dreieck ABC zu konstruieren mit b : c = 2 : 3, $\alpha = 60°$ und $h_a = 5\,cm$. Man zeichnet ein Dreieck AB'C' mit $\alpha = 60°$, b' : c' = 2 : 3 und $h_{a'}$ (Fig. 3.17). Dieses Dreieck wird von A aus im Verhältnis $h_a : h_{a'}$ gestreckt.

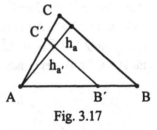

Fig. 3.17

Übung 3.10: Konstruieren Sie ein Dreieck mit a : b : c = 2 : 3 : 4 und $s_a = 5\,cm$.

Die Strahlensätze kommen auch beim Bestimmen von Längen im Gelände zum Einsatz.

Beispiel 3.4: Mit Hilfe eines gleichschenklig rechtwinkligen Peildreiecks, welches z.B. aus Holz hergestellt ist, kann man die Höhe eines Baumes, eines Hauses usw. ermitteln. In Fig. 3.18 sei die Länge der lotrechten Strecke $\overline{EG}$ gesucht. Man hält das Peildreieck ABC so, dass BC parallel zu EG ist. Dann bestimmt man mittels Peilen von A über C den Fußpunkt F so, dass E auf CA liegt. Peilt man von A über B, so erhält man D auf $\overline{EG}$. Da $l(\overline{AB}) = l(\overline{BC})$ ist nach dem zweiten Strahlensatz $l(\overline{AD}) = l(\overline{DE})$. Die Länge von $\overline{AD}$ ist gleich der von $\overline{FG}$ und direkt am Boden messbar. Auch die Höhe $l(\overline{AF})$ des Augenpunktes A ist messbar. Damit ist $l(\overline{EG}) = l(\overline{AF}) + l(\overline{FG})$.

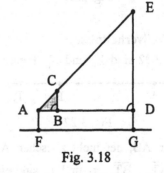

Fig. 3.18

Von den beiden Strahlensätzen ist nur der erste umkehrbar. Wir beschränken uns auf den Fall, dass A zwischen Z und B liegt (Fig. 3.19). Wenn Z zwischen A und B liegt, wird völlig analog geschlossen.

Satz 3.5: Werden zwei Geraden g und h eines Büschels mit Zentrum Z von zwei Geraden AA* und BB* so geschnitten, dass

$$\overline{ZA} : \overline{ZB} = \overline{ZA}* : \overline{ZB}*$$

gilt, dann sind AA* und BB* parallel.

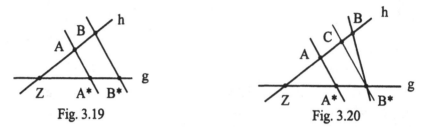

Fig. 3.19   Fig. 3.20

Beweis: Wir gehen indirekt vor (Fig. 3.20) und nehmen an, dass AA* und BB* nicht parallel sind. Dann schneidet die Parallele zu AA* durch B* die Gerade h in einem von B verschiedenen Punkt C. Nach dem ersten Strahlensatz ist $\overline{ZA} : \overline{ZC} = \overline{ZA}* : \overline{ZB}*$. Nach Voraussetzung ist $\overline{ZA} : \overline{ZB} = \overline{ZA}* : \overline{ZB}*$, d.h. $\overline{ZA} : \overline{ZC} = \overline{ZA} : \overline{ZB}$. Dies ist nur möglich für B = C im Widerspruch zur Annahme B ≠ C.   ∎

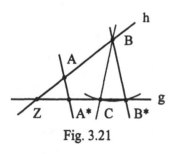

Fig. 3.21

Der zweite Strahlensatz ist nicht umkehrbar wie folgendes Gegenbeispiel zeigt. In Fig. 3.21 sei der Winkel ∠ ZA*A kein rechter Winkel und AA* parallel zu BB*. Dann ist nach dem ersten Strahlensatz $\overline{ZA} : \overline{ZB} = \overline{AA}* : \overline{BB}*$. Wir wählen C ≠ B* auf g so, dass $l(\overline{BB}*) = l(\overline{BC})$ ist. Damit gilt $\overline{ZA} : \overline{ZB} = \overline{AA}* : \overline{BC}$, und BC ist nicht parallel zu AA*.

3.1.3 Teilverhältnisse

In Fig. 3.22 sind T_i und T_a Punkte der Geraden AB. T_i sei ein von B verschiedener

A T_i B T_a

Fig. 3.22

Punkt der Strecke $\overline{AB}$. T_i **teilt** die Strecke $\overline{AB}$ **innen** im Verhältnis $\tau_i = \overline{AT_i} : \overline{BT_i}$. T_a sei ein von B verschiedener Punkt der Geraden AB, der nicht zwischen A und B liegt. T_a **teilt** $\overline{AB}$ **außen** im Verhältnis $\tau_a = \overline{AT_a} : \overline{BT_a}$. τ_i und τ_a sind nicht negative reelle Zahlen. Das innere Teilverhältnis wird gelegentlich anders erklärt. Wir kommen auf dieses Problem zurück.

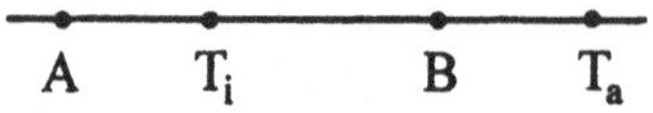

Übung 3.11: In Fig. 3.23 sind die Geraden AA* und BB* parallel. Außerdem sei $\overline{ZA} : \overline{ZB} = \overline{AA*} : \overline{BB*}$. Zeigen Sie, dass Z, A* und B* auf einer Geraden liegen. Hinweis: Gehen Sie indirekt vor und nehmen Sie an, dass B* nicht auf ZA* liegt.

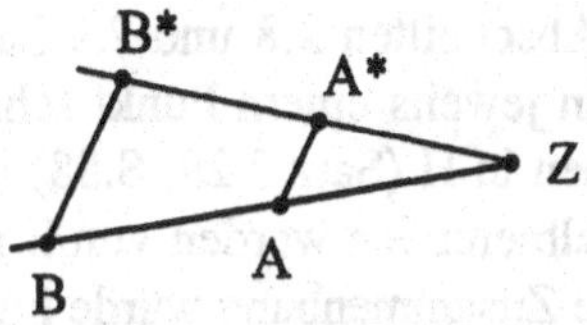

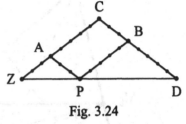

Fig. 3.23

Übung 3.12: Zeigen Sie, dass sich das Teilverhältnis dreier Punkte einer Geraden bei einer zentrischen Streckung nicht ändert.

Beispiel 3.5: Die Fig. 3.24 stellt einen stilisierten „**Storchschnabel**" dar. Man verwendet ihn zum Vergrößern oder Verkleinern von Figuren. In diesem Fall ist er für das Vergrößern im Verhältnis 8 : 3 vorgesehen. Er besteht aus den Stäben $\overline{ZC}$, $\overline{CD}$, $\overline{AP}$ und $\overline{PB}$, die in den Punkten A, P, B, und C durch Gelenke verbunden sind. $\overline{ZA}$, $\overline{AP}$ und $\overline{CB}$ messen jeweils drei Längeneinheiten, $\overline{BD}$, $\overline{PB}$ und $\overline{AC}$ jeweils fünf Längeneinheiten. Das Viereck APBC ist ein Parallelogramm. AP ist parallel zu CB. Wegen $\overline{ZC} : \overline{ZA} = \overline{CD} : \overline{AP}$ liegen nach Übung 3.11 Z, P und D auf einer Geraden. Aus $\overline{ZC} : \overline{ZA} = \overline{ZD} : \overline{AP} = 8 : 3$ folgt, dass D das Bild von P bei der Streckung $S_{Z,\,8/3}$ ist. Hält man Z fest und bewegt P entlang der Urbildfigur, so zeichnet ein in D angebrachter Stift deren vergrößertes Bild.

Fig. 3.24

Übung 3.13: In welchem Verhältnis teilen T_1, T_2 und T_3 die Strecke $\overline{AB}$ in Fig. 3.25? Gegen welchen Wert strebt das Teilverhältnis, wenn sich T_1 bzw. T_2 dem Punkt A (T_2 bzw. T_3 dem Punkt B) nähern?

Fig. 3.25

Die Erklärung der inneren Teilung einer Strecke ist im Hinblick auf einige Anwendungen unzulänglich. In Fig. 3.26 teilt T_a die Strecke $\overline{AB}$ außen im Verhältnis $\tau_a = 3 : 2$, T_i teilt $\overline{AB}$ innen im gleichen Verhältnis $\tau_i = 3 : 2$. Lässt man die Punkte A und B fest, so gibt es zu jeder nicht negativen reellen Zahl r genau einen inneren und für $r \neq 1$

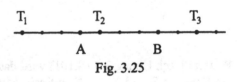

Fig. 3.26

genau einen äußeren Teilpunkt T, der $\overline{AB}$ im Verhältnis r teilt. Wenn wir dagegen das innere Teilverhältnis als $\tau_i = -(\overline{AT_i} : \overline{BT_i})$ erklären, gibt es zu jeder reellen Zahl $r \neq 1$ genau einen Punkt T der Geraden AB, welcher $\overline{AB}$ in diesem Verhältnis teilt. Aus dem Wert des Teilverhältnisses kann man sofort auf die Lage von T bezüglich der Punkte A und B schließen. Umgekehrt ist jedem von B verschiedenen Punkt T der Geraden AB durch das Teilverhältnis genau eine reelle Zahl r zugeordnet. Wir verwenden weiterhin nicht negative Teilverhältnisse. Andernfalls weisen wir ausdrücklich darauf hin.

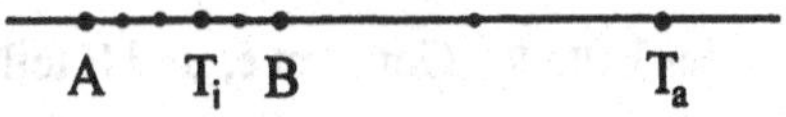

In den Abschnitten 2.8 und 2.9 hatten wir gezeigt, daß sich in einem Dreieck folgende
Linien in jeweils einem Punkt schneiden: die Mittelsenkrechten in M (Satz 2.25, S.82),
die Höhen in H (Satz 2.29, S.88) und die Seitenhalbierenden in S (Satz 2.32, S.92). Die
Seitenhalbierenden werden von S innen im Verhältnis 2 : 1 geteilt (Satz 2.31, S.90). Der
folgende Zusammenhang wurde im Jahr 1765 von EULER entdeckt (Fig. 3.27).

Satz 3.6: Die Punkte M, H und S liegen auf einer Geraden. S teilt die Strecke $\overline{HM}$
innen im Verhältnis 2 : 1.

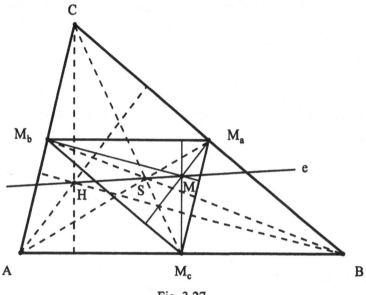

Fig. 3.27

Beweis: Nach Übung 3.5 (S.101) wird das Dreieck ABC durch die zentrische Streckung
mit Zentrum S und k = - 1/2 auf sein Mittendreieck $M_aM_bM_c$ abgebildet. Die Höhen
des Dreiecks ABC werden auf die Höhen des Mittendreiecks abgebildet. Letztere fallen
mit den Mittelsenkrechten des Dreiecks ABC zusammen, welche sich in M schneiden. M
ist demnach der Bildpunkt von H bei $S_{S,-1/2}$. Folglich liegen H, S und M auf einer Geraden, der EULER - Geraden e, und S teilt $\overline{HM}$ innen im Verhältnis 2 : 1.   ∎

Harmonische Teilung

Mit Hilfe des zweiten Strahlensatzes kann man eine Strecke $\overline{AB}$ außen im Verhältnis
3 : 2 teilen, indem man auf der gleichen Seite der Geraden AB von A und B aus parallele
Strecken $\overline{AC}$ und $\overline{BD}$ abträgt, die sich wie
3 : 2 verhalten (Fig. 3.28). T_a sei der
Schnittpunkt der Geraden AB und CD. Da
$\overline{AC} : \overline{BD} = \overline{AT_a} : \overline{BT_a}$, ist T_a der gesuchte äußere Teilpunkt.

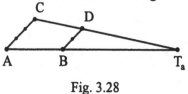

Fig. 3.28

Übung 3.14: In Fig. 3.29 wird die Strecke $\overline{AB}$ durch vier Punkte innen geteilt. Bestimmen Sie die vier Teilverhältnisse $\tau_i = \overline{AT_i} : \overline{BT_i}$. Berechnen Sie die Längen $l(\overline{AT_i})$ für $l(\overline{AB}) = 5\,cm$.

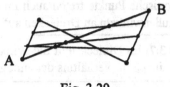

Fig. 3.29

In Fig. 3.30 wird die Strecke $\overline{AB}$ außen durch T_a im Verhältnis $\tau_a = 3:2$ und innen durch T_i im Verhältnis $\tau_i = 3:2$ geteilt. Es ist $\tau_i = \tau_a$. In diesem Fall sagt man, dass $\overline{AB}$ durch T_a und T_i harmonisch im Verhältnis $3:2$ geteilt wird.

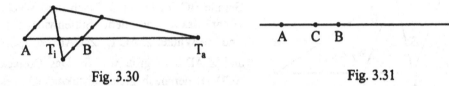

Fig. 3.30   Fig. 3.31

Vier Punkte A, B, C und D einer Geraden liegen genau dann **harmonisch**, wenn $\overline{CA} : \overline{CB} = \overline{DA} : \overline{DB}$ (Fig. 3.31). Man sagt auch, dass in diesem Fall das Punktepaar (C, D) das Punktepaar (A, B) harmonisch trennt.

Übung 3.15: A, B, C und D seien Punkte einer Geraden, und das Punktepaar (C, D) trenne das Paar (A, B) harmonisch. Zeigen Sie, dass dann auch das Paar (A, B) das Paar (C, D) harmonisch trennt.

Beispiel 3.6: In Fig. 3.32 soll die Strecke $\overline{AB}$ harmonisch im Verhältnis $2:1$ geteilt werden. Man zeichnet Kreise um A und B, deren Radien sich wie $2:1$ verhalten. Wählt man die Gerade PQ so, dass sie beide Kreise „außen" berührt, und die Gerade RS so, dass sie beide Kreise „innen" berührt, so ergibt sich unmittelbar, dass der Schnittpunkt T_i der inneren Tangente mit AB und der

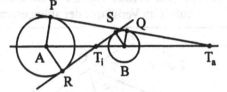

Fig. 3.32

Schnittpunkt T_a der äußeren Tangente mit AB die Mittelpunkte der Kreise A und B harmonisch im Verhältnis ihrer Radien trennen.

Die folgende Kennzeichnung der harmonischen Lage geht auf PAPPOS VON ALEXANDRIA (1. Hälfte des 4. Jh. n. Chr.) zurück. Wenn die Punkte A, B, C und D in Fig. 3.31 harmonisch liegen, ergibt sich bei negativem innerem Teilverhältnis $\overline{AC} : \overline{BC}$

$$\overline{AC} : \overline{BC} = -(\overline{AD} : \overline{BD}) \qquad (\overline{AC} : \overline{BC}):(\overline{AD} : \overline{BD}) = -1.$$

PAPPOS kannte dieses Verhältnis der Teilverhältnisse $(\overline{AC} : \overline{BC})$ und $(\overline{AD} : \overline{BD})$. Der schweizerische Geometer J. STEINER (1796 - 1863) führte dafür die Bezeichnung **Doppelverhältnis** der Punkte A, B, C und D ein. Die Punkte A, B, C und D liegen demnach genau dann harmonisch, wenn ihr Doppelverhältnis den Wert - 1 hat.

Harmonische Punkte treten auch im Zusammenhang mit Winkelhalbierenden von Innen- und Außenwinkeln an Dreiecken auf.

Satz 3.7: Im Dreieck teilt die Winkelhalbierende des Innenwinkels dessen Gegenseite innen im Verhältnis der anliegenden Seiten.

Beweis: In Fig. 3.33 sei w_γ die Winkelhalbierende des Innenwinkels γ bei C. Sie

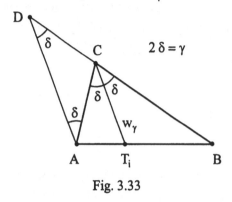

Fig. 3.33

schneidet die gegenüberliegende Seite $\overline{AB}$ im Punkt T_i. Durch A zeichnen wir die Parallele zu w_γ. Diese Parallele schneidet die Gerade BC im Punkt D. Nach dem Wechselwinkelsatz und dem Stufenwinkelsatz sind die Winkel $\angle\, AC\,T_i$, $\angle\, CAD$, $\angle\, T_i\,CB$ und $\angle\, ADC$ so groß wie δ. Das Dreieck ACD ist demnach gleichschenklig, d.h., es ist $l(\overline{AC}) = l(\overline{DC})$. Nach Folgerung 3.1 (S.103) ergibt sich damit

$$\overline{AT_i} : \overline{BT_i} = \overline{DC} : \overline{BC} = \overline{AC} : \overline{BC},$$

und für das innere Teilverhältnis folgt

$$\overline{AT_i} : \overline{BT_i} = \overline{AC} : \overline{BC}. \qquad\blacksquare$$

Satz 3.8: Im Dreieck teilt die Winkelhalbierende des Außenwinkels dessen Gegenseite außen im Verhältnis der anliegenden Seiten.

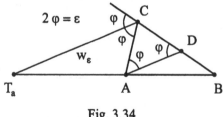

Fig. 3.34

Beweis: In Fig. 3.34 sei w_ε die Winkelhalbierende des Außenwinkels ε bei C. Sie schneidet AB in T_a. Die Parallele zu w_ε schneidet BC in D. Genau so wie vorhin folgt, dass das Dreieck ADC gleichschenklig ist, d.h. $l(\overline{AC}) = l(\overline{DC})$. Wiederum nach Folgerung 3.1 ist

$$\overline{AT_a} : \overline{BT_a} = \overline{DC} : \overline{BC} = \overline{AC} : \overline{BC}$$

und damit
$$\overline{AT_a} : \overline{BT_a} = \overline{AC} : \overline{BC}. \qquad\blacksquare$$

Zusammenfassend haben wir damit

Satz 3.9: Im Dreieck teilen die Winkelhalbierenden des Innen- und des Außenwinkels dessen Gegenseite harmonisch im Verhältnis der anliegenden Seiten.

Kreis des APPOLLONIOS

Die Fig. 3.35 zeigt die harmonische Teilung der Seite $\overline{AB}$ des Dreiecks ABC im Verhältnis der an C anliegenden Seiten $\overline{AC}$ und $\overline{BC}$:

$$\overline{AT_i} : \overline{BT_i} = \overline{AT_a} : \overline{BT_a} = \overline{AC} : \overline{BD} = \overline{AC} : \overline{BC} = b : a$$

Nach Satz 3.9 teilen die Winkelhalbierenden des Innen- und Außenwinkels bei C die Strecke $\overline{AB}$ in T_i und T_a harmonisch im gleichen Verhältnis $\tau = b : a$. Da T_i und T_a eindeutig bestimmt sind, sind die Geraden CT_i und CT_a die Winkelhalbierenden des Innen- bzw. Außenwinkels bei C.

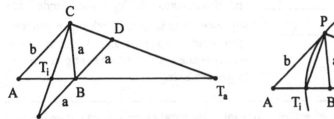 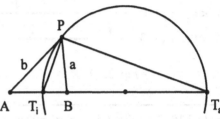

Fig. 3.35   Fig. 3.36

Wir denken uns nun bei festem A und B alle Dreiecke ABP konstruiert, für die $\overline{PA} : \overline{PB} = b : a$ gilt. Die Winkelhalbierenden des Innen- und Außenwinkels bei P gehen bei jedem dieser Dreiecke durch T_i und T_a und stehen jeweils aufeinander senkrecht. Die Ecken P aller dieser Dreiecke liegen demnach auf dem Thaleskreis über $\overline{T_i T_a}$ (Fig. 3.36). Auf diesem Kreis liegen also alle Punkte, die von zwei festen Punkten das gleiche Abstandsverhältnis haben. Er wird nach APPOLLONIOS VON PERGE (ca. 260 – 190 v. Chr.) benannt.

Harmonisches Mittel

Übung 3.16: Auf einer Geraden g trennen die Punkte C und D die Punkte A und B harmonisch (Fig. 3.37). Wir setzen $c = l(\overline{AC})$, $b = l(\overline{AB})$ und $d = l(\overline{AD})$. Zeigen Sie, dass

$$b = \frac{2 \cdot c \cdot d}{c + d} \quad \text{und} \quad \frac{1}{b} = \frac{1}{2}\left(\frac{1}{c} + \frac{1}{d}\right).$$

g   A C B   D

Fig. 3.37

b ist das **harmonische Mittel** aus c und d. Dieses Mittel tritt z.B. bei der Abbildung eines Gegenstandes mittels eines kugelförmigen Hohlspiegels auf (Fig. 3.38). Der Gegenstand steht am Ort G, das Bild am Ort B. M ist der Mittelpunkt des Spiegels und F der Brennpunkt des Spiegels. Mit $l(\overline{AB}) = b$, $l(\overline{AM}) = r$ und $l(\overline{AG}) = g$ gilt die folgende Abbildungsgleichung:

$$\frac{1}{r} = \frac{1}{2}\left(\frac{1}{b} + \frac{1}{g}\right)$$

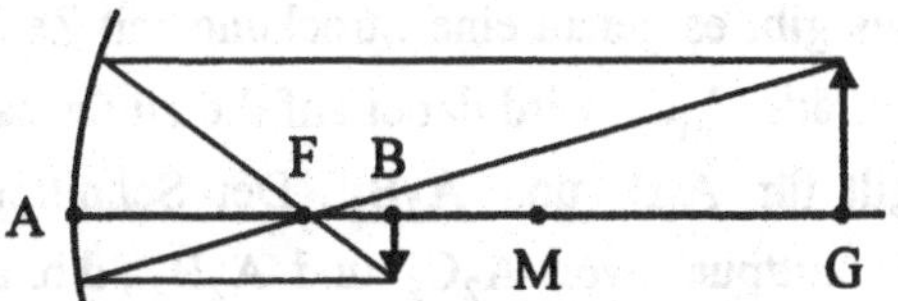

Fig. 3.38

Die Punkte B und G trennen die Punkte A und M harmonisch. Der Krümmungsradius r ist das harmonische Mittel aus der Bildweite b und der Gegenstandsweite g.

3.2 Gruppe der Ähnlichkeitsabbildungen

3.2.1 Verketten von zentrischen Streckungen

Je nach Lage der Streckzentren und Größe der Streckfaktoren unterscheiden wir folgende Fälle. Im einfachsten Fall sind zwei zentrische Streckungen mit gleichem Zentrum Z und den Streckfaktoren k_1 und k_2 hintereinander auszuführen. Als resultierende Abbildung ergibt sich wie in Fig. 3.39 skizziert eine zentrische Streckung mit Zentrum Z und Streckfaktor $k_1 \cdot k_2$. Wir wenden uns nun zwei zentrischen Streckungen mit verschiedenen Zentren zu. Zur Bestimmung der resultierenden Abbildung benötigen wir den folgenden Satz.

$k_1 > 0, \quad k_2 > 0$
$k_1 > 0, \quad k_2 < 0$
$k_1 < 0, \quad k_2 > 0$
$k_1 < 0, \quad k_2 < 0$

Fig. 3.39

Satz 3.10: Sind die Seiten zweier Dreiecke paarweise parallel, so gibt es entweder genau eine zentrische Streckung oder genau eine Parallelverschiebung, welche das eine Dreieck auf das andere abbildet.

Beweis: Von den entsprechenden Seiten kann nicht jedes der drei Paare auf einer Geraden liegen. Wir nehmen an, dass $\overline{B_1C_1}$ und $\overline{B_2C_2}$ auf verschiedenen Geraden liegen.

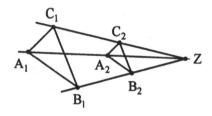

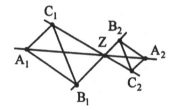

Fig. 3.40   Fig. 3.41

1. Es sei B_1B_2 nicht parallel zu C_1C_2 (Fig. 3.40, 3.41). Z sei der eindeutig bestimmte Schnittpunkt der Geraden B_1B_2 und C_1C_2. Wegen der Eindeutigkeit des Teilverhältnisses gibt es genau eine Streckung mit Zentrum Z, welche $\overline{B_1C_1}$ auf $\overline{B_2C_2}$ abbildet. Die Gerade A_1C_1 wird dabei auf die zu ihr parallele Gerade A_2C_2 abgebildet. Das Analoge gilt für A_1B_1 und A_2B_2. Der Schnittpunkt A_1 von A_1C_1 und A_1B_1 wird auf den Schnittpunkt von A_2C_2 und A_2B_2, d.h. auf A_2 abgebildet. Insgesamt wird das Dreieck $A_1B_1C_1$ durch diese zentrische Streckung auf das Dreieck $A_2B_2C_2$ abgebildet.

2. Sind B_1B_2 und C_1C_2 parallel, so gibt es genau eine Parallelverschiebung, welche das Dreieck $A_1B_1C_1$ auf das Dreieck $A_2B_2C_2$ abbildet (s. Übung 3.17). ∎

Übung 3.17: In Fig. 3.42 sind A_1A_2, B_1B_2 und C_1C_2 parallel. Zeigen Sie, dass es unter den Voraussetzungen von Satz 3.10 genau eine Parallelverschiebung gibt, bei der das Dreieck $A_1B_1C_1$ auf das Dreieck $A_2B_2C_2$ abgebildet wird.

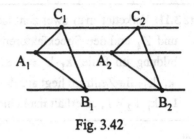

Fig. 3.42

Die Umkehrung des Satzes 3.10 ist der berühmte Kleine Satz von DESARGUES.

Übung 3.18: Zeigen Sie: Wenn die Verbindungsgeraden entsprechender Ecken zweier Dreiecke parallel sind oder sich in einem Punkt schneiden und wenn zwei Paare entsprechender Seiten parallel sind, dann ist auch das dritte Paar von Seiten parallel.

Hinweis: Beachten Sie im Falle paralleler Verbindungsgeraden die Eigenschaften der dabei auftretenden Parallelogramme (S.54 ff.). Im Falle sich schneidender Verbindungsgeraden sind der erste Strahlensatz (Satz 3.4, S.102) und dessen Umkehrung (Satz 3.5, S.104) zu benutzen.

Satz 2.18 (S.70) besagt, dass eine Kongruenzabbildung durch die Vorgabe dreier Punkte, die nicht auf einer Geraden liegen, und deren Bilder eindeutig bestimmt ist. Für zentrische Streckungen gilt eine einfachere Bedingung.

Übung 3.19: Zeigen Sie, dass eine zentrische Streckung durch die Vorgabe von zwei Punkten, die nicht auf einer Geraden liegen, und deren Bilder eindeutig bestimmt ist.

Hinweis: Übertragen Sie die Begründung von Satz 2.18 sinngemäß an Hand von Fig. 3.43.

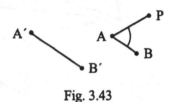

Fig. 3.43

Besonders einfach ist das Verketten zentrischer Streckungen mit gleichem Zentrum zu übersehen.

Übung 3.20: Zeigen Sie, dass die zentrischen Streckungen mit gleichem Zentrum bezüglich des Hintereinanderausführens eine kommutative Gruppe bilden.

Das Ergebnis der Verkettung von zwei Streckungen mit verschiedenen Zentren Z_1 und Z_2 sowie den Streckfaktoren k_1 und k_2 kann man auf Grund der bisherigen Resultate schon abschätzen. Bei jeder Streckung hat jede Gerade eine parallele Bildgerade, jede Strecke wird mit dem gleichen Faktor $k = k_1 \cdot k_2$ gestreckt, und jeder Winkel wird auf einen gleich großen Winkel abgebildet. Gilt für das Produkt der Streckfaktoren $k_1 \cdot k_2 \neq 1$, so wird sich als resultierende Abbildung nach Satz 3.10 vermutlich eine zentrische Streckung ergeben. Im Fall $k_1 \cdot k_2 = 1$ wird jedes Dreieck auf ein Dreieck mit parallelen und gleich langen Seiten abgebildet. Die zusammengesetzte Abbildung wird vermutlich eine Parallelverschiebung sein.

> **Satz 3.11:** Verkettet man zwei zentrische Streckungen mit verschiedenen Zentren Z_1 und Z_2 und den Streckfaktoren k_1 und k_2, so ergibt sich als resultierende Abbildung im Falle $k_1 \cdot k_2 \neq 1$ eine zentrische Streckung mit dem Streckfaktor $k_1 \cdot k_2$. Ihr Zentrum liegt auf der Geraden durch Z_1 und Z_2.
>
> Ist $k_1 \cdot k_2 = 1$, so erhält man eine Verschiebung parallel zur Geraden $Z_1 Z_2$.

Beweis:

1. Wir beginnen mit dem Fall $k_1 \cdot k_2 \neq 1$, wobei $k_1 > 0$ und $k_2 > 0$ angenommen wird. In allen anderen Fällen bezüglich der Werte von k_1 und k_2 wird genau so wie im folgenden verfahren. Das Dreieck Δ wird zuerst von Z_1 aus mit k_1 und dann von Z_2 aus mit k_2 gestreckt. Diese Streckungen liefern die Dreiecke Δ' und Δ'' (Fig. 3.44).

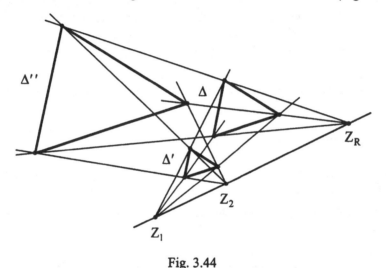

Fig. 3.44

Die entsprechenden Seiten der Dreiecke Δ und Δ'' sind nach Konstruktion parallel. Wegen $k_1 \cdot k_2 \neq 1$ ist kein Paar von Seiten kongruent. Nach Satz 3.10 (S.110) gibt es genau eine zentrische Streckung, welche das Dreieck Δ auf das Dreieck Δ'' abbildet. Das Zentrum Z_R dieser Streckung ist der Fixpunkt der resultierenden Streckung. Da die Gerade $Z_1 Z_2$ die einzige Gerade ist, die bei beiden Streckungen auf sich abgebildet wird, liegt Z_R auf dieser Geraden.

2. Wir setzen nun $k_1 > 0$, $k_2 > 0$ und $k_1 \cdot k_2 = 1$ voraus. Dann sind die Dreiecke Δ und Δ'' kongruent. Da entsprechende Seiten der beiden Dreiecke gleich lang und gleich gerichtet sind, gibt es nach Satz 3.10 (S.110) genau eine Parallelverschiebung, welche Δ auf Δ'' abbildet. Die Verbindungsgeraden entsprechender Dreiecksecken sind Fixgeraden dieser Parallelverschiebung. Die Gerade $Z_1 Z_2$ ist als Fixgerade der resultierenden Abbildung parallel zur Verschiebungsrichtung. ∎

Beispiel 3.7: Fig. 3.45 zeigt das Hintereinanderausführen zweier zentrischer Streckungen mit den Zentren Z_1 und Z_2 und den Streckfaktoren $k_1 = 2$ und $k_2 = 1/2$.

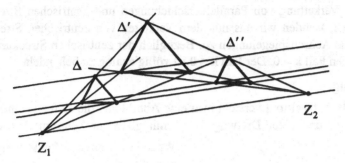

Fig. 3.45

Übung 3.21: Bilden Sie ein Dreieck durch zwei Streckungen mit verschiedenen Zentren Z_1 und Z_2 und folgenden Streckfaktoren ab: $k_1 = 2$ (-2), $k_2 = -3$ (-1/2).

Der Zusammenhang zwischen den zentrischen Streckungen und den Parallelverschiebungen ist bemerkenswert. Verkettet man eine zentrische Streckung mit dem Zentrum Z mit einer Parallelverschiebung, so läßt Fig. 3.46 vermuten, daß man als resultierende Abbildung eine zentrische Streckung mit Zentrum Z_R erhält.

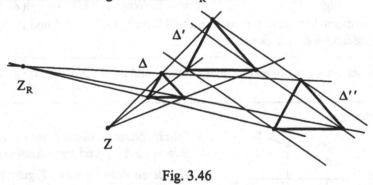

Fig. 3.46

Übung 3.22: Zeigen Sie, daß die Verkettung einer zentrischen Streckung $S_{Z,k}$ ($k \neq 1$) mit einer Parallelverschiebung und umgekehrt eine zentrische Streckung ergibt.

Da die Verkettung zweier Parallelverschiebungen eine Parallelverschiebung ergibt, führt das Verketten von zentrischen Streckungen und Parallelverschiebungen nicht aus dieser Menge von Abbildungen hinaus.

Übung 3.23: Zeigen Sie, daß die zentrischen Streckungen und die Parallelverschiebungen bezüglich des Verkettens eine Gruppe bilden.

Zentrische Streckungen und Parallelverschiebungen bilden jede Gerade auf eine dazu parallele Gerade ab. Man kann sogar zeigen, daß die zentrischen Streckungen und die Parallelverschiebungen die einzigen Abbildungen sind, die Geraden auf Geraden abbilden und bei denen Urbildgerade und Bildgerade parallel sind. Solche Abbildungen nennt man **Dilatationen**.

3.2.2 Verketten von zentrischen Streckungen und Kongruenzabbildungen, Ähnlichkeitsabbildungen

Nachdem die Verkettung von Parallelverschiebungen und zentrischen Streckungen bereits geklärt ist, wenden wir uns nun dem Verketten von zentrischen Streckungen mit Drehungen und Achsenspiegelungen zu. Bezüglich der zentrischen Streckung betrachten wir stets nur den Fall $k > 0$. Der Fall $k < 0$ ist völlig analog zu behandeln.

Drehstreckungen

Unter einer **Drehstreckung** versteht man eine Abbildung, die sich aus einer zentrischen Streckung $S_{Z,k}$ und einer Drehung $D_{Z,\alpha}$ mit gleichem Zentrum Z zusammensetzt.

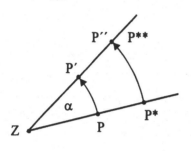

Fig. 3.47

Wenden wir auf den Punkt P erst die zentrische Streckung $S_{Z,k}$ und anschließend die Drehung $D_{Z,\alpha}$ an, erhalten wir $D_{Z,\alpha}(S_{Z,k}(P)) = P**$ (Fig. 3.47). Dabei ist $l(\overline{ZP**}) = k \cdot l(\overline{ZP})$. Führen wir erst die Drehung und danach die Streckung aus, so ergibt sich $S_{Z,k}(D_{Z,\alpha}(P)) = P''$ als Bild von P. Wegen $l(\overline{ZP''}) = k \cdot l(\overline{ZP})$ und wegen des eindeutigen Abtragens von Winkeln und Strecken fallen P** und P'' zusammen. Zusammenfassend haben wir damit:

> **Satz 3.12:** Bei einer Drehstreckung sind Drehung und zentrische Streckung vertauschbar.

Klappstreckungen

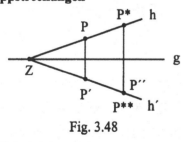

Fig. 3.48

Durch Zusammensetzen einer zentrischen Streckung $S_{Z,k}$ und einer Achsenspiegelung S_g, deren Achse g durch Z geht, erhält man eine **Klappstreckung**. Nach Fig. 3.48 kann man wegen $S_g(S_{Z,k}(P)) = P**$ und $S_{Z,k}(S_g(P)) = P''$ vermuten:

> **Satz 3.13:** Bei einer Klappstreckung sind zentrische Streckung und Achsenspiegelung vertauschbar.

Die einfache Begründung überlassen wir dem Leser.

Die Eigenschaften der Drehstreckung und der Klappstreckung ergeben sich unmittelbar aus denen der Streckung, der Drehung und der Achsenspiegelung. Insbesondere werden alle Strecken mit dem gleichen Faktor gestreckt, Winkel werden auf gleich große Winkel abgebildet, und das Teilverhältnis von drei Punkten ändert sich nicht. Z ist der einzige Fixpunkt der Drehstreckung bzw. der Klappstreckung.

Beispiel 3.8: Fig. 3.49 zeigt eine Drehstreckung des Dreiecks ABC mit Drehwinkel α und Zentrum Z. Die Fig. 3.50 stellt eine Klappstreckung mit Achse g und Zentrum Z dar.

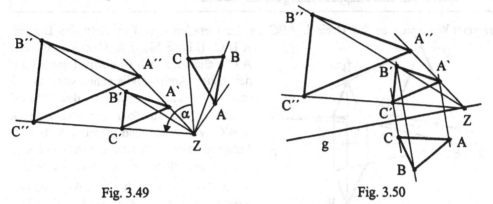

Fig. 3.49   Fig. 3.50

Übung 3.24: Zeigen Sie, dass Drehstreckungen und Klappstreckungen umkehrbare Abbildungen sind. Geben Sie die Umkehrabbildung der Drehstreckung $S_{Z,k} \circ D_{Z,\alpha}$ und die der Klappstreckung $S_{Z,k} \circ S_g$ an.

Beispiel 3.9: Die Fig. 3.51 zeigt das Hintereinanderausführen einer Spiegelung S_g an der Achse g und einer Streckung $S_{Z,k}$, deren Zentrum Z nicht auf g liegt. Das Dreieck ABC wird zunächst auf A′B′C′ und schließlich auf A″B″C″ abgebildet.

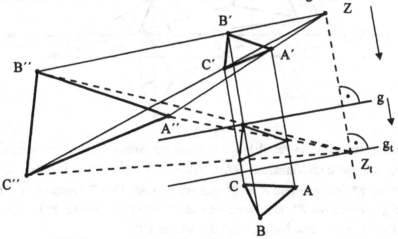

Fig. 3.51

Wir stellen uns vor, dass sich Z und g in Richtung der gestrichelten Senkrechten zu g bewegen. Die Achse g bewege sich dabei so, dass sie zu jedem Zeitpunkt die Symmetrieachse der beiden Dreiecke ABC und A′B′C′ ist. Nach Fig. 3.52 ist zu vermuten, dass Z zu einem gewissen Zeitpunkt t auf die Gerade g_t fällt. Demnach ließe sich die Verkettung einer Achsenspiegelung und einer zentrischen Streckung durch eine Klappstreckung ersetzen, d.h. $S_{Z,k} \circ S_g = S_{Z_t,k} \circ S_{g_t}$.

Satz 3.14: Die Verkettung einer Achsenspiegelung und einer zentrischen Streckung kann durch eine Klappstreckung ersetzt werden.

Beweis: Wir spiegeln das Dreieck ABC an der Geraden g und erhalten das Dreieck

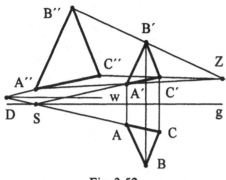

A'B'C' (Fig. 3.52). Die Geraden AC und A'C' schneiden sich in einem Punkt S auf der Achse. Anderenfalls gehen wir von AB und A'B' aus. g halbiert den Winkel $\angle$ CSC'. Nun strecken wir das Dreieck A'B'C' von Z aus und erhalten A''B''C''. Entsprechende Seiten beider Dreiecke sind parallel und stehen im gleichen Verhältnis $k = \overline{A''C''} : \overline{A'C'} = \overline{A''C''} : \overline{AC}$. AC und A''C'' schneiden sich in D. Da A'C' und A''C'' parallel sind, ist die Winkelhalbie-

Fig. 3.52

rende w von $\angle$ CDC'' parallel zu g. Wir geben nun eine Klappstreckung an, welche das Dreieck ABC auf das Dreieck A''B''C'' abbildet (Fig. 3.53).

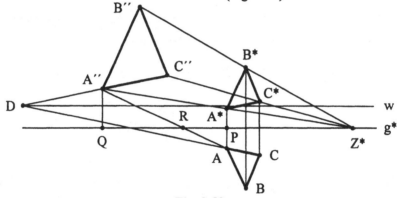

Fig. 3.53

Zuerst konstruieren wir die Parallele w zur gesuchten Achse. Dann teilen wir die Strecke $\overline{AA''}$ durch R innen im Verhältnis $\overline{RA''} : \overline{RA} = \overline{A''C''} : \overline{AC}$. Die Parallele zu w durch R nennen wir g*. Wir spiegeln A an g* und erhalten A*. Den Schnittpunkt der Geraden AA* und g* nennen wir Z*. Die Punkte R und Z* teilen die Strecke $\overline{PQ}$ innen und außen im gleichen Verhältnis. Nach den Strahlensätzen gilt

$$\overline{ZA''} : \overline{ZA^*} = \overline{QA''} : \overline{PA^*} = \overline{QA''} : \overline{PA} = \overline{RA''} : \overline{RA} = \overline{A''C''} : \overline{AC}.$$

Damit wird A bei $S_{Z^*,k} \circ S_{g^*}$ auf A'' abgebildet.

Das Spiegelbild von C an g* sei C*. A*C* und A''C'' sind parallel. Da nach dem Vorigen $\overline{A''C''} : \overline{A^*C^*} = \overline{A''C''} : \overline{AC} = \overline{ZA''} : \overline{ZA^*}$, liegen Z*, C* und C'' auf einer Geraden (s. Übung 3.11, S.105), und C wird durch $S_{Z^*,k} \circ S_{g^*}$ auf C'' abgebildet. Analoges gilt für B und B''. Z* und g* sind durch die Konstruktion eindeutig bestimmt.   ∎

Genau so kann eine Abbildung, die sich aus einer Drehung und einer zentrischen Streckung zusammensetzt, durch eine Drehstreckung ersetzt werden. Der Nachweis, dass es eine solche Drehstreckung gibt, bietet kaum neue Aspekte. Wir geben daher nur eine vergleichsweise einfache Konstruktion des Zentrums der Drehstreckung an.

Beispiel 3.10: Gegeben seien die Streckung $S_{Z,k}$ und die Drehung $D_{A,\alpha}$ (Fig. 3.54). Das Dreieck Δ wird durch $S_{Z,k}$ auf Δ' und Δ' wird durch $D_{A,\alpha}$ auf Δ'' abgebildet.

Das Zentrum der Drehstreckung, die Δ auf Δ'' abbildet, findet man mittels der Konstruktion in Fig. 3.55. Das Zentrum ist der einzige Fixpunkt F der Abbildung $D_{A,\alpha} \circ S_{Z,k}$. F wird durch $S_{Z,k}$ auf F′ und F′ wird durch $D_{A,\alpha}$ zurück auf F abgebildet.

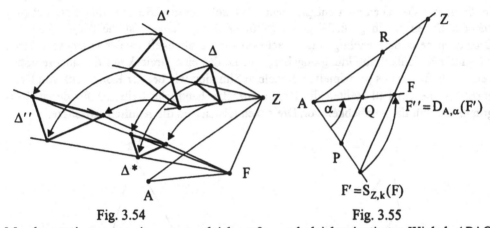

Fig. 3.54   Fig. 3.55

Man konstruiert zuerst einen zu α gleich großen und gleich orientierten Winkel $\angle$ PAQ mit $l(\overline{AP}) = l(\overline{AQ})$. Auf PQ wird R so gewählt, dass R die Strecke $\overline{PQ}$ außen im Verhältnis $\overline{RP} : \overline{RQ} = k$ teilt. Man zeichnet AR, trägt von A aus die gegebene Strecke $\overline{AZ}$ ab und erhält Z. Den Schnittpunkt der Parallelen zu PR durch Z mit AQ nennen wir F. AP und ZF schneiden sich wegen $\overline{ZF'} : \overline{ZF} = \overline{RP} : \overline{RQ} = k$ in F′=$S_{Z,k}$(F). Da $l(\overline{AF}) = l(\overline{AF'}) = k \cdot l(\overline{AP})$, ist $D_{A,\alpha}(F') = F$. F ist der gesuchte Fixpunkt. Schlielich überträgt man den Punkt F in die Fig. 3.54 und erhält das Zentrum F der Drehstreckung.

Untersucht man alle Verkettungen von Kongruenzabbildungen und Streckungen, so ergeben sich keine neuen Abbildungstypen. Das Verketten einer Streckung mit einer gleichsinnigen Kongruenzabbildung ergibt eine Streckung oder eine Drehstreckung. Das Verketten einer Streckung mit einer ungleichsinnigen Kongruenzabbildung liefert eine Klappstreckung. Die Menge dieser Abbildungen ist bezüglich des Verkettens als Verknüpfung abgeschlossen. Unter einer **Ähnlichkeitsabbildung** verstehen wir eine Abbildung, welche sich beim Verketten einer Kongruenzabbildung und einer Streckung ergibt. Dazu gehört auch die Identität. Da sowohl die Kongruenzabbildungen als auch die zentrischen Streckungen umkehrbare Abbildungen sind, gilt dies auch für die Ähnlichkeitsabbildungen. Die Menge der Ähnlichkeitsabbildungen bildet mit dem Verketten als Verknüpfung eine nicht kommutative Gruppe.

3.3   Ähnlichkeit

3.3.1   Ähnliche Figuren

Die Ähnlichkeit zweier Figuren wird in völliger Analogie zur Kongruenz von Figuren erklärt.

Zwei Figuren F_1 und F_2 sind genau dann **ähnlich**, wenn es eine Ähnlichkeitsabbildung gibt, welche F_1 auf F_2 abbildet. Wird F_1 durch eine zentrische Streckung oder eine Parallelverschiebung auf F_2 abgebildet, so spricht man von **perspektiver Ähnlichkeit** der Figuren. Insbesondere sind kongruente Figuren auch ähnliche Figuren.

In ähnlichen Vielecken sind entsprechende Winkel und die Längenverhältnisse entsprechender Seiten gleich groß. Wegen vielfältiger Anwendungen ist die Ähnlichkeit von Dreiecken besonders wichtig. Zum Nachweis der Ähnlichkeit zweier Dreiecke müssen wir eine Ähnlichkeitsabbildung angeben, welche das eine Dreieck auf das andere abbildet. Wir befinden uns prinzipiell in derselben Situation wie bei der Kongruenz von Dreiecken. In diesem Fall stellten die Kongruenzsätze handliche Kriterien für deren Kongruenz dar. Für die Ähnlichkeit von Dreiecken leisten dies die **Ähnlichkeitssätze**.

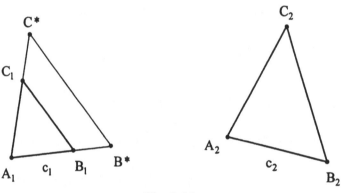

Fig. 3.56

Wir gehen von zwei Dreiecken $A_1B_1C_1$ und $A_2B_2C_2$ aus (Fig. 3.56). Die Länge der Seite c_2 sei das k - fache der Länge von c_1, d.h. $c_2 = k \cdot c_1$. Das Dreieck $A_1B_1C_1$ wird von A_1 aus mit dem Faktor k gestreckt. Bei dieser Streckung $S_{A_1, k}$ erhalten wir als Bild das Dreieck $A_1B^*C^*$.

Der Herleitung der Ähnlickeitssätze liegt folgende Idee zu Grunde. Wenn die Dreiecke $A_1B^*C^*$ und $A_2B_2C_2$ kongruent sind, gibt es eine Kongruenzabbildung Φ, welche $A_1B^*C^*$ auf $A_2B_2C_2$ abbildet. Die Abbildung $\Phi \circ S_{A_1, k}$ bildet dann das Dreieck $A_1B_1C_1$ auf das Dreieck $A_2B_2C_2$ ab, d.h., die beiden Dreiecke sind ähnlich. Die Kriterien für die Kongruenz der Dreiecke $A_1B^*C^*$ und $A_2B_2C_2$ liefern dann die gewünschten Kriterien für die Ähnlichkeit der Dreiecke $A_1B_1C_1$ und $A_2B_2C_2$.

Beispiel 3.11: Besonders einfache ähnliche Figuren sind Kreise (Fig. 3.57). Durch eine Verschiebung des Kreises K_1 kann man stets erreichen, dass sein Bild K_1' und der Kreis K_2 konzentrisch sind. Streckt man K_1' von dessen Mittelpunkt aus im Verhältnis der Radien $r_2 : r_1$, so erhält man K_2.

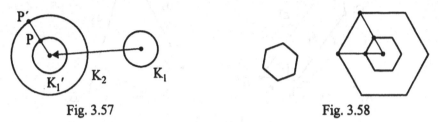

Fig. 3.57   Fig. 3.58

Übung 3.25: Zeigen Sie an Hand der Figur 3.58, dass regelmäßige Sechsecke (n - Ecke) zueinander ähnlich sind.

Beispiel 3.12: Zwei Rechtecke sind genau dann ähnlich, wenn die Verhältnisse ihrer Seiten gleich sind. Mittels einer Kongruenzabbildung kann man stets die in Fig. 3.59 dargestellte Lage der Rechtecke erreichen. Es sei $a_1 : b_1 = a_2 : b_2$. Wir setzen $b_2 : b_1 = a_2 : a_1 = k$. Bei der zentrischen Streckung $S_{A_1, k}$ werden D_1 auf D_2 und B_1 auf B_2 abgebildet. Das Bild der Geraden D_1C_1 geht

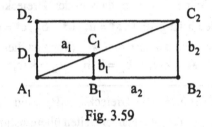

Fig. 3.59

durch D_2 und ist parallel zu D_1C_1, fällt also mit D_2C_2 zusammen. Genau so folgt, dass B_1C_1 auf B_2C_2 abgebildet wird. Das Rechteck $A_1B_1C_1D_1$ wird durch $S_{A_1, k}$ auf das Rechteck $A_2B_2C_2D_2$ abgebildet, d.h., beide Rechtecke sind ähnlich.

Übung 3.26: Gegeben seien zwei ähnliche Dreiecke. Zeigen Sie:
a. Beide Dreiecke können mit Hilfe von Kongruenzabbildungen in perspektive Lage gebracht werden.
b. In beiden Dreiecken entsprechen sich die Höhen, die Seitenhalbierenden, die Mittelsenkrechten und die Winkelhalbierenden.

Übung 3.27: Zeigen Sie, dass die Relation „ ... ist ähnlich zu ... " auf der Menge der ebenen Figuren eine Äquivalenzrelation ist.

Flächeninhalte ähnlicher Vielecke

Wird ein Dreieck $A_1B_1C_1$ durch eine Ähnlichkeitsabbildung auf das Dreieck $A_2B_2C_2$ abgebildet, so werden entsprechende Seiten und zugehörige Höhen aufeinander abgebildet. Wegen $a_1 = k \cdot a_2$ und $h_{a_1} = k \cdot h_{a_2}$ ergibt sich für Flächeninhalte beider Dreiecke $F_1 = k^2 \cdot F_2$. Da jedes Vieleck in Dreiecke zerlegt werden kann, gilt die analoge Beziehung für Flächeninhalte aller ähnlichen Vielecke.

Zur Herleitung der Ähnlichkeitssätze vervollständigen wir zunächst Fig. 3.56.

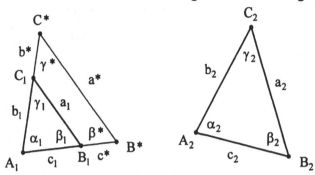

Fig. 3.60

Bezüglich der Winkel und Seiten der Dreiecke $A_1B^*C^*$ und $A_2B_2C_2$ gelten nach Konstruktion stets folgende Voraussetzungen (Vor.):

$$\alpha^* \equiv \alpha_1 \quad \beta^* \equiv \beta_1 \quad \gamma^* \equiv \gamma_1 \qquad a^* = k \cdot a_1 \quad b^* = k \cdot b_1 \quad c^* = c_2 = k \cdot c_1$$

1. Wir nehmen an, dass in den Dreiecken $A_1B^*C^*$ und $A_2B_2C_2$ entsprechende Seiten gleich lang sind: $a^* = a_2$, $b^* = b_2$, $c^* = c_2$. Dann sind nach Kongruenzsatz (SSS) beide Dreiecke kongruent. Nach (Vor.) ist dies genau dann der Fall, wenn

$$a_2 = k \cdot a_1 \quad b_2 = k \cdot b_1 \quad c_2 = k \cdot c_1 \quad \text{bzw.} \quad a_2 : a_1 = k \quad b_2 : b_1 = k \quad c_2 : c_1 = k .$$

> **Satz 3.15:** Die Dreiecke $A_1B_1C_1$ und $A_2B_2C_2$ sind ähnlich, wenn sie im Verhältnis entsprechender Seiten übereinstimmen.

2. Die Dreiecke $A_1B^*C^*$ und $A_2B_2C_2$ mögen in den Winkeln α^* und α_2 sowie in den anliegenden Seiten übereinstimmen: $c^* = c_2$, $\alpha^* \equiv \alpha_2$, $b^* = b_2$. Beide Dreiecke sind nach Kongruenzsatz (SWS) kongruent. Dies trifft gemäß (Vor.) genau dann zu, wenn

$$c_2 = k \cdot c_1 \quad \alpha^* \equiv \alpha_2 \quad b_2 = k \cdot b_1 \quad \text{bzw.} \quad c_2 : c_1 = k \quad \alpha_1 \equiv \alpha_2 \quad b_2 : b_1 = k .$$

> **Satz 3.16:** Die Dreiecke $A_1B_1C_1$ und $A_2B_2C_2$ sind ähnlich, wenn sie in einem Winkel und im Verhältnis der anliegenden Seiten übereinstimmen.

3. Auf dieselbe Weise zeigt man mit Hilfe der Kongruenzsätze (SSW_g) und (WSW):

> **Satz 3.17:** Die Dreiecke $A_1B_1C_1$ und $A_2B_2C_2$ sind ähnlich, wenn sie in den Verhältnissen zweier Seiten und dem Winkel übereinstimmen, welcher der größeren der beiden Seiten gegenüberliegt.

> **Satz 3.18:** Die Dreiecke $A_1B_1C_1$ und $A_2B_2C_2$ sind ähnlich, wenn sie in entsprechenden Winkeln übereinstimmen.

Ähnlichkeitssätze für Dreiecke

Zur besseren Übersicht fassen wir die Ergebnisse der vorigen Überlegungen zusammen. Zwei Dreiecke sind ähnlich, wenn sie

1. im Verhältnis der drei Seiten übereinstimmen,

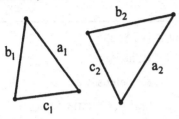

Fig. 3.61

2. in einem Winkel und im Verhältnis der anliegenden Seiten übereinstimmen,

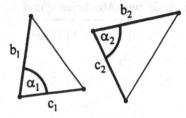

Fig. 3.62

3. im Verhältnis zweier Seiten und dem Winkel übereinstimmen, welcher der größeren Seite gegenüberliegt,

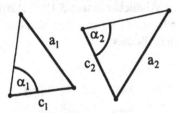

Fig. 3.63

4. in allen Winkeln übereinstimmen.

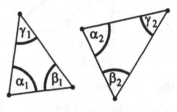

Fig. 3.64

Übung 3.28: Geben Sie die Begründungen für die Ähnlichkeitssätze 3.17 und 3.18 an.

Übung 3.29: Geben Sie Bedingungen für die Ähnlichkeit gleichschenkliger (rechtwinkliger) Dreiecke an.

Beispiel 3.13: Im Dreieck verhalten sich die Höhen umgekehrt wie die zugehörigen Seiten, d.h. $h_a : h_b = b : a$ usw. (Fig. 3.65).

Die rechtwinkligen Dreiecke ADC und BCE stimmen in allen Winkeln überein und sind demnach ähnlich. Dann ist $h_b : a = h_a : b$, und daraus folgt direkt die Behauptung.

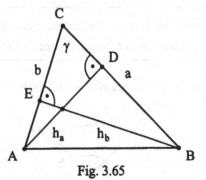

Fig. 3.65

Übung 3.30: Der Flächeninhalt eines Dreiecks lässt sich bekanntlich aus jeder Seite und der zugehörigen Höhe berechnen. Leiten Sie daraus die im vorigen Beispiel 3.13 angegebene Beziehung ab.

3.3.2 Anwendungen der Ähnlichkeitssätze

1. Satzgruppe des PYTHAGORAS

Wir gehen von einem Dreieck ABC mit dem rechten Winkel $\angle$ BCA aus (Fig. 3.66). Die dem rechten Winkel anliegenden Seiten a und b nennt man **Katheten**, die dem rechten Winkel gegenüberliegende Seite c ist die **Hypotenuse**. Die Höhe h_c auf c teilt die Hypotenuse in zwei Abschnitte q und p.

Satz 3.19: Im Dreieck ABC mit dem rechten Winkel $\angle$ BCA gilt:

    a. $h_c^2 = p \cdot q$ Höhensatz

    b. $a^2 = p \cdot c$, $b^2 = q \cdot c$ Kathetensätze

    c. $a^2 + b^2 = c^2$ Satz des PYTHAGORAS

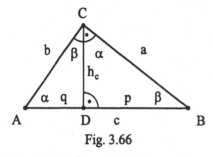

Fig. 3.66

Beweis: Die Dreiecke ABC, BCD und CAD sind paarweise ähnlich, da sie in entsprechenden Winkeln übereinstimmen. Dann stehen nach dem Ähnlichkeitssatz 3.18 (S.120) entsprechende Seiten im gleichen Verhältnis. Im einzelnen heißt dies:

a. Dreiecke BCD und CAD $p : h_c = h_c : q$ bzw. $h_c^2 = p \cdot q$.

b. Dreiecke ABC und BCD $c : a = a : p$ bzw. $a^2 = p \cdot c$,

    Dreiecke ABC und CAD $c : b = b : q$ bzw. $b^2 = q \cdot c$.

c. Aus b. folgt wegen $q + p = c$ $a^2 + b^2 = c^2$.   ■

Der Satz des PYTHAGORAS ist umkehrbar.

Satz 3.20: Gilt für die Seitenlängen eines Dreiecks ABC die Beziehung $a^2 + b^2 = c^2$, so liegt der Seite c ein rechter Winkel gegenüber.

Beweis: Wir konstruieren ein Dreieck A*B*C* mit Seiten a und b, welche einen rechten

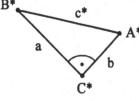

Fig. 3.67

Winkel einschließen (Fig. 3.67). Die dritte Seite nennen wir c*. Da dieses Dreieck rechtwinklig ist, können wir den Satz des Pythagoras anwenden und erhalten $a^2 + b^2 = c^{*2}$. Wegen der Voraussetzung $a^2 + b^2 = c^2$ ist $c^2 = c^{*2}$ und $c = c^*$. Nach dem Kongruenzsatz (SSS) sind die Dreiecke

ABC und A*B*C* kongruent, d.h., auch das Dreieck ABC ist rechtwinklig.   ■

Der Satz des PYTHAGORAS war inhaltlich bereits den Babyloniern ca. 1600 v. Chr. bekannt. PYTHAGORAS (ca. 580 - 510 v. Chr.) wird der erste Beweis des Satzes zugeschrieben. Die Beweise des Höhen- und Kathetensatzes gehen auf EUKLID (ca. 300 v. Chr.) zurück. Die drei Sätze spielten beim Vergleich von Vielecksflächeninhalten eine Rolle. Quadrate lassen sich direkt durch Übereinanderlegen vergleichen. Handelt es sich um beliebige Vielecke, so versagt dieser direkte Vergleich im allgemeinen. Es lag daher nahe, Vielecke in flächeninhaltsgleiche Quadrate umzuformen und diese zu vergleichen.

1. Triangulieren des Vielecks. Das Vieleck wird in Teildreiecke zerlegt.

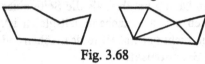

Fig. 3.68

2. Jedes Dreieck wird in ein flächeninhaltsgleiches Rechteck umgeformt (s. S.84).

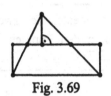

Fig. 3.69

3. Jedes Rechteck wird mit Hilfe des Höhensatzes in ein flächeninhaltsgleiches Quadrat

umgeformt. Wir gehen vom Rechteck ABCD mit den Seiten a und b aus (Fig. 3.70). Die Seite $\overline{CD}$ wird um a bis H verlängert. Über $\overline{CH}$ errichten wir den Thaleskreis mit Mittelpunkt M. Dann zeichnen wir die Senkrechte DE zu CH durch D und erhalten den Schnittpunkt E mit dem Kreis. $\overline{DE}$ ist die Höhe h im rechtwinkligen Dreieck HCE.

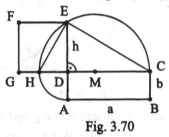

Fig. 3.70

Nach dem Höhensatz ist $h^2 = a \cdot b$, d.h., DEFG ist das gesuchte Quadrat.

Übung 3.31: Formen Sie mit Hilfe des Kathetensatzes ein Rechteck mit Zirkel und Lineal in ein flächeninhaltsgleiches Quadrat um.

4. Die aus den Teildreiecken erhaltenen Quadrate werden schließlich mit Hilfe des Satzes von PYTHAGORAS sukzessiv „addiert" (Fig. 3.72).

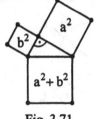

Fig. 3.71

Die Umkehrung des Satzes von PYTHAGORAS dient schon seit ca. 3500 Jahren zum Abstecken rechter Winkel mittels einer Knotenschnur. Die Schnur wird mit Hilfe von 13 Knoten in 12 gleich lange Strecken geteilt und wie in Fig. 3.72 ausgelegt.

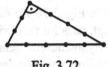

Fig. 3.72

2. Mittlere Proportionale

Beim Beweis von Satz 3.19 (S.122) treten Verhältnisgleichungen wie z.B. $c : a = a : p$ auf, deren mittlere Größen jeweils gleich sind. Man nennt diese Größe die **mittlere Proportionale** der beiden außen stehenden Größen. Im Beispiel ist a die mittlere Proportionale von c und p. Ist g die mittlere Proportionale von x und y, so gilt

$$x : g = g : y, \qquad g^2 = x \cdot y, \qquad g = \sqrt{x \cdot y}.$$

Man kann g ansehen als die Seite eines Quadrates, welches zu einem Rechteck mit den Seiten x und y flächeninhaltsgleich ist. Die Konstruktion der mittleren Proportionalen kann nicht nur mit Hilfe des Höhen- oder Kathetensatzes erfolgen, sondern auch mittels des **Sekantensatzes**.

Satz 3.21: Schneiden sich zwei Geraden g und h im Punkt S und schneiden sie einen Kreis in den Punkten A und B bzw. C und D, so gilt $\overline{SA} \cdot \overline{SB} = \overline{SC} \cdot \overline{SD}$ (Fig. 3.73).

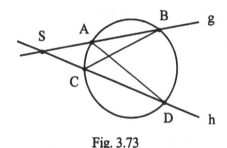

Fig. 3.73

Beweis: Die Dreiecke SCB und SDA haben den Winkel bei S gemeinsam. Ferner sind die Winkel $\angle$ CBA und $\angle$ CDA als Randwinkel über dem Bogen zwischen A und C gleich groß. Die beiden Dreiecke SCB und SDA stimmen demnach in allen drei Winkeln überein und sind nach Satz 3.18 (S.120) ähnlich. Dann ist $\overline{SD} : \overline{SA} = \overline{SB} : \overline{SC}$, und daraus folgt die Behauptung. ∎

Fällt der Schnittpunkt S von g und h in das Innere des Kreises, so spricht man vom **Sehnensatz** (Fig. 3.74). Wenn dabei die Sehne $\overline{CD}$ die Sehne $\overline{AB}$ halbiert, so gilt $\overline{SA}^2 = \overline{SC} \cdot \overline{SD}$ (Fig. 3.75). Diese Aussage wird als **Halbsehnensatz** bezeichnet. Wenn die Gerade g den Kreis in A berührt, gilt ebenfalls $\overline{SA}^2 = \overline{SC} \cdot \overline{SD}$. Diese Aussage ist der **Sehnen-Tangenten-Satz** (Fig. 3.76).

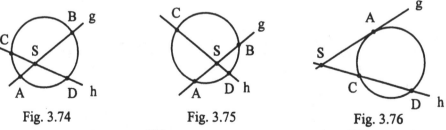

Fig. 3.74   Fig. 3.75   Fig. 3.76

In Fig. 3.75 ist die Halbsehne $\overline{SA}$ die mittlere Proportionale von $\overline{SC}$ und $\overline{SD}$. Das Analoge gilt in Fig. 3.76 für die Tangentenabschnitte $\overline{SA}$ und $\overline{SC}$ und $\overline{SD}$. Der Höhensatz besagt, dass im rechtwinkligen Dreieck die Höhe die mittlere Proportionale der anliegenden Hypotenusenabschnitte ist. Genau so zeigt der Kathetensatz, dass die Kathete die mittlere Proportionale der Hypotenuse und des zur Kathete gehörenden Hypotenusenabschnitts ist. Hier sind Zusammenhänge zu vermuten.

Beispiel 3.14: Der Kathetensatz ist ein Sonderfall des Sehnen-Tangenten-Satzes. Wir gehen in Fig. 3.77 von einem Kreis um M und einer Tangente durch S aus, die den Kreis in A berührt. Die Mittelpunktsgerade AM schneidet SA in A senkrecht. D sei der zweite Schnittpunkt von AM mit dem Kreis. Die Gerade SD schneidet den Kreis in C. Nach dem Sehnen - Tangenten-Satz gilt $\overline{SA}^2 = \overline{SC} \cdot \overline{SD}$. Wegen des Satzes von THALES ist CD senkrecht zu AC. Damit ist

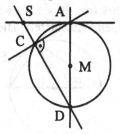

Fig. 3.77

$\overline{SA}^2 = \overline{SC} \cdot \overline{SD}$ gerade die Aussage des Kathetensatzes in bezug auf das rechtwinklige Dreieck SDA und dessen Kathete $\overline{SA}$.

Übung 3.32: Zeigen Sie, dass der Höhensatz ein Sonderfall des Halbsehnensatzes ist.

Für die mittlere Proportionale zweier Strecken x und y gilt nach dem Vorigen $g = \sqrt{x \cdot y}$. Man bezeichnet g auch als **geometrisches Mittel** von x und y. Unter dem **arithmetischen Mittel** a von x und y versteht man bekanntlich $a = 1/2 \cdot (x + y)$. Das **harmonische Mittel** h von x und y ist $h = \dfrac{2 \cdot x \cdot y}{x + y}$ (s. S. 109).

Beispiel 3.15: Das geometrische Mittel ist die mittlere Proportionale des harmonischen und des arithmetischen Mittels. Wir zeichnen einen Kreis mit dem Durchmesser $\overline{AB}$ (Fig. 3.78). E sei ein innerer Punkt von $\overline{AB}$. Wir setzen $\overline{AE} = x$ und $\overline{BE} = y$. Der Radius des Kreises ist das arithmetische Mittel $a = 1/2 \cdot (x + y)$ von x und y. C sei der Schnittpunkt der Senkrechten zu AB durch E mit dem Kreis. Nach dem Satz des

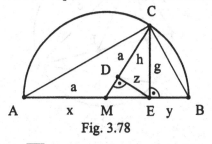

Fig. 3.78

THALES ist das Dreieck ABC rechtwinklig. Mit $\overline{EC} = g$ gilt nach dem Höhensatz $g^2 = x \cdot y$, d.h., g ist das geometrische Mittel aus x und y. Wir fällen von E das Lot auf MC und erhalten D. Mit $\overline{DC} = h$ und $\overline{DE} = z$ ergibt sich für die rechtwinkligen Dreiecke MEC und DEC nach dem Höhensatz bzw. nach dem Satz des PYTHAGORAS

$$z^2 = h \cdot (a - h) \qquad\qquad g^2 = h^2 + z^2.$$

Daraus folgt nach einfacher Rechnung

$$g^2 = h \cdot a \qquad\qquad h = \frac{2 \cdot x \cdot y}{x + y}.$$

Demnach ist h das harmonische Mittel von x und y. Zudem haben wir erhalten, dass das geometrische Mittel g von x und y zugleich das geometrische Mittel des harmonischen Mittels h von x und y sowie des arithmetischen Mittels a von x und y ist. Nach Fig. 3.78 besteht zwischen den drei Mittelwerten die Beziehung $h \le g \le a$.

3. Diagonalensatz des PTOLEMAIOS

PTOLEMAIOS (ca. 90 - 150) war Astronom. Seine Berechnungen beruhten auf den von ihm erstellten Sehnentafeln. Diese enthalten die Längen der Sehnen $S(\alpha)$ für einen Kreis

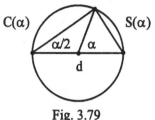

mit dem Durchmesser d von 120 Einheiten und den Mittelpunktswinkel α (Fig. 3.79). $C(\alpha)$ bezeichnet die zu α gehörende Co-sehne. Der Zusammenhang mit den von EULER (1707 - 1783) eingeführten Funktio-nen sin und cos wird durch

Fig. 3.79

$$S(\alpha) = d \cdot \sin(\alpha/2) \quad \text{und} \quad C(\alpha) = d \cdot \cos(\alpha/2)$$

beschrieben. Die Grundlage für die Berechnung der Sehnentafeln bildet der folgende **Diagonalensatz** für konvexe Kreisvierecke.

Satz 3.22: In einem konvexen Kreisviereck ABCD mit den Seiten a, b, c und d sowie den Diagonalen e und f ist $a \cdot c + b \cdot d = e \cdot f$ (Fig. 3.80).

Beweis: Wir tragen an c in D den Winkel $\varepsilon = \angle BDA$ ab und erhalten als Schnittpunkt des zweiten Schenkels mit der Diagonalen e den Punkt E. Die Winkel $\angle ABD$ und

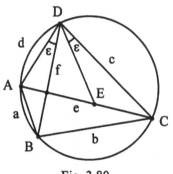

Fig. 3.80

$\angle ACD$ sind als Randwinkel über $\overline{AD}$ gleich groß. Die Dreiecke ABD und DEC stimmen dann in allen entsprechenden Win-keln überein und sind nach Satz 3.18 (S.120) ähnlich. Daraus folgt $\overline{EC} : c = a : f$. Die Dreiecke AED und DBC sind ebenfalls ähnlich. Zunächst sind die Winkel $\angle DAE$ und $\angle DBC$ als Randwinkel über $\overline{CD}$ gleich groß. Zudem sind die Winkel $\angle ADE$ und $\angle BDC$ gleich groß. Folglich stimmen beide Dreiecke in allen Winkeln überein und

sind ähnlich. Aus ihrer Ähnlichkeit folgt $\overline{AE} : d = b : f$. Insgesamt haben wir damit $\overline{AE} \cdot f = b \cdot d$, $\overline{EC} \cdot f = a \cdot c$ und $\overline{AE} + \overline{EC} = e$. Daraus folgt direkt die Behauptung. ∎

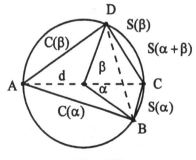

Fig. 3.81

Folgerung 3.2: Aus Satz 3.22 ergibt sich ein Additionstheorem für Sehnen. In Fig. 3.81 sind der Durchmesser d und die zu $\alpha + \beta$ gehörige Sehne $S(\alpha + \beta)$ gestrichelt gezeichnet. Sie sind die Diagonalen des Vierecks ABCD. Nach dem Satz 3.22 ist

$$d \cdot S(\alpha + \beta) = S(\alpha) \cdot C(\beta) + S(\beta) \cdot C(\alpha). \quad (1)$$

Setzt man für beide Winkel $\alpha/2$ ein, so ist

$$d \cdot S(\alpha) = 2 \cdot S(\alpha/2) \cdot C(\alpha/2). \quad (2)$$

Die Wahl des Radius mit 60 Einheiten hängt mit dem von PTOLEMAIOS benutzten Zahlsystem, dem Sexagesimalsystem, zusammen. In diesem System spielt die 60 eine ähnliche Rolle wie die 10 in unserem dekadischen System.

Beispiel 3.16: In Fig. 3.82 ergibt sich die Länge der Seite a des Dreiecks ABC aus den bekannten Größen α und c mit dem Strahlensatz zu $a = \dfrac{S(\alpha)}{60} \cdot c$. $S(\alpha)$ wird dabei einer Sehnentafel entnommen.

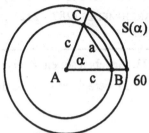

Fig. 3.82

Der Diagonalensatz erscheint auf den ersten Blick überraschend. Es gibt einen Sonderfall, der ihn zumindest plausibel macht (Fig. 3.83). Wenn das Kreisviereck ein Rechteck ist, gilt nach dem Satz des PYTHAGORAS $d^2 = a^2 + b^2$, und das ist genau die Aussage des Diagonalensatzes: Das Produkt der Diagonalen ist gleich der Summe aus den Produkten gegenüberliegender Seiten.

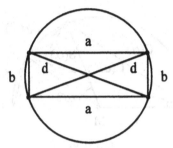

Fig. 3.83

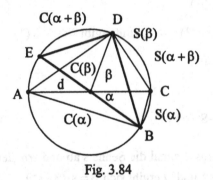

Fig. 3.84

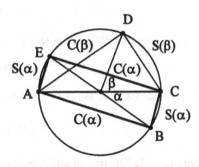

Fig. 3.85

Beispiel 3.17: Wir ergänzen Fig. 3.81 zu Fig. 3.84, indem wir den in B endenden Radius zum Durchmesser $\overline{BE}$ verlängern. Im Dreieck BDE ist $\overline{BD}$ die Sehne des Winkels $\alpha + \beta$, $\overline{DE}$ ist seine Cosehne. In Fig. 3.85 erkennt man, dass $\overline{AE}$ und $S(\alpha)$ sowie $\overline{CE}$ und $C(\alpha)$ jeweils gleich lang sind. Insgesamt ergibt sich aus dem Diagonalensatz für das Viereck ACDE folgendes Additionstheorem für die Cosehnen

$$d \cdot C(\alpha + \beta) + S(\alpha) \cdot S(\beta) = C(\alpha) \cdot C(\beta) \quad \text{bzw.} \quad d \cdot C(\alpha + \beta) = C(\alpha) \cdot C(\beta) - S(\alpha) \cdot S(\beta).$$

Übung 3.33: Zeigen Sie auf analoge Weise, dass $d \cdot S(\alpha - \beta) = S(\alpha) \cdot C(\beta) - S(\beta) \cdot C(\alpha)$ und $d \cdot C(\alpha - \beta) = C(\alpha) \cdot C(\beta) + S(\alpha) \cdot S(\beta)$.

Von jetzt ab beziehen wir uns auf einen Kreis mit Radius 1. Zwischen der zu α gehörenden Sehne $S(\alpha)$ und $\sin(\alpha/2)$ besteht der Zusammenhang $S(\alpha) = 2 \cdot \sin(\alpha/2)$. Analog
haben wir für die Cosehne $C(\alpha) = 2 \cdot \cos(\alpha/2)$. Der folgende **Halbsehnensatz** diente
bereits ARCHIMEDES (287 - 212 v. Chr.) zur Berechnung von Umfang und Flächeninhalt
des Kreises.

> **Satz 3.23:** Gegeben sei ein Kreis mit Radius 1. Die zum Winkel $\alpha/2$ gehörende Sehne
> $S(\alpha/2)$ berechnet sich aus der zu α gehörenden Sehne $S(\alpha)$ gemäß
> $$S^2(\alpha/2) = 2 - \sqrt{4 - S^2(\alpha)} \,.$$

Beweis : Die drei durch Bögen gekennzeichneten Winkel bei A und M in Fig. 3.86

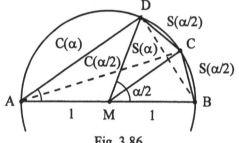

Fig. 3.86

betragen jeweils $\alpha/2$. Wenn wir auf das
Viereck ABCD mit den gestrichelten Diagonalen $S(\alpha)$ und $C(\alpha/2)$ den Diagonalensatz anwenden, erhalten wir
$$S(\alpha) \cdot C(\alpha/2) = 2 \cdot S(\alpha/2) + C(\alpha) \cdot S(\alpha/2) \,. \quad (3)$$
Wir ersetzen auf der linken Seite von (3)
$S(\alpha)$ nach (2) durch $S(\alpha/2) \cdot C(\alpha/2)$ und
erhalten
$$C^2(\alpha/2) = 2 + C(\alpha) \,. \quad\quad\quad\quad\quad\quad (4)$$

Nach dem Satz des PYTHAGORAS ist $S^2(\alpha/2) + C^2(\alpha/2) = 4$. Damit ergibt sich aus (4)
$$S^2(\alpha/2) = 2 - C(\alpha) \,.$$
Da $S^2(\alpha) + C^2(\alpha) = 4$ ist, haben wir schließlich
$$S^2(\alpha/2) = 2 - \sqrt{4 - S^2(\alpha)} \,. \qquad\qquad\qquad\qquad\qquad\qquad \blacksquare$$

Folgerung 3.3: Wir tragen auf dem Kreis von A aus dreimal die Sehne s ab und erhalten
B, C und D (Fig. 3.87). Für die Sehne S zwischen A und D ergibt sich $S = s \cdot (3 - s^2)$.

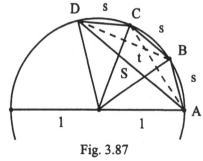

Fig. 3.87

Beweis: Die Sehnen $\overline{AC}$ und $\overline{BD}$ sind
gleich lang. Ihre Länge sei t. Mit dem Halbsehnensatz   folgt $s^2 = 2 - \sqrt{4 - t^2}$,
$2 - s^2 = \sqrt{4 - t^2}$, $4 - 2 \cdot s^2 + s^4 = 4 - t^2$ und
$t^2 = 2 \cdot s^2 - s^4$. Nach dem Diagonalensatz
gilt im Viereck ABCD $t^2 = S \cdot s + s \cdot s$. Aus
den beiden letzten Gleichungen ergibt sich
unmittelbar die Behauptung. $\blacksquare$

PTOLEMAIOS ging bei der Berechnung der Sehnentafeln von den direkt berechenbaren Werten S(90°), S(60°) und S(36°), der Seitenlänge des regulären 10 - Ecks, aus. Mit Hilfe des Differenzensatzes für S($\alpha - \beta$) (Üb. 3.33, S.127) und des Halbsehnensatzes 3.23 berechnete er die Werte von S(6°), S(3°), S(3/2°) und S(3/4°). Aus den beiden letzten Werten erhielt er S(1/2) und berechnete dann mit Hilfe des Summensatzes aus Folgerung 3.2 (S.126) die Sehnentafel. Wir brauchen diesen Umweg nicht zu gehen, sondern können mittels der Folgerung 3.3 den Wert von S(α) bzw. von $\sin\alpha$ für jedes α mit $0° < \alpha < 90°$ direkt berechnen.

Beispiel 3.18: Wir berechnen näherungsweise sin 40° (Fig. 3.88). Dazu zeichnen wir einen Mittelpunktswinkel $\angle$ AMD mit 80° und den Randwinkel $\angle$ ACB mit 40°. Zur Sehne s_1 des Mittelpunktswinkels gehört der Kreisbogen b_1 zwischen A und B.

Wir teilen b_1 in drei gleich große Bögen der Länge b_3. Zu den Bögen gehören die Sehnen s_3. Nach Folgerung 3.3 ist $s_1 = s_3 \cdot (3 - s_3^2)$. Genau so verfahren wir im zweiten Schritt mit jedem der Bögen b_3.

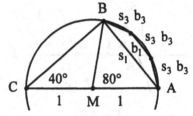

Fig. 3.88

Wir erhalten 9 gleich lange Bögen b_9 mit den 9 zugehörigen Sehnen s_9. Für s_3 und s_9 gilt analog dem Vorigen $s_3 = s_9 \cdot (3 - s_9^2)$. Nach dem dritten Schritt haben wir 27 Bögen b_{27} und 27 Sehnen s_{27} mit $s_9 = s_{27} \cdot (3 - s_{27}^2)$.

Für die Länge des Bogens b_1 ergibt sich $b_1 = \dfrac{80° \cdot \pi}{180°} = 1{,}3963$. Daraus folgt $b_{27} = b_1 : 27 = 0{,}0517$. Wir setzen nun näherungsweise $s_{27} = b_{27}$ und berechnen damit sukzessiv s_9, s_3 und s_1. Es ergibt sich

$$s_9 = s_{27} \cdot (3 - s_{27}^2) = 0{,}1550$$

$$s_3 = s_9 \cdot (3 - s_9^2) = 0{,}4631$$

$$s_1 = s_3 \cdot (3 - s_3^2) = 1{,}2857$$

und damit schließlich

$$\sin 40° = s_1 : 2 = 0{,}6428 .$$

Übung 3.34: Leiten Sie aus (1) in Folgerung 3.2 (S.126) folgendes Additionstheorem ab: $\sin(\gamma + \delta) = \sin\gamma \cdot \cos\delta + \sin\delta \cdot \cos\gamma$. Wie lauten die entsprechenden Theoreme für $\sin(\gamma - \delta)$, $\cos(\gamma + \delta)$ und $\cos(\gamma - \delta)$?

4 Affinitätsabbildungen

Anfangs waren wir von der Gruppe der Kongruenzabbildungen ausgegangen. Durch Hinzunahme einer neuen Abbildung, der zentrischen Streckung, erhielten wir eine umfassendere Gruppe von Abbildungen, die Gruppe der Ähnlichkeitsabbildungen. Den analogen Prozess wiederholen wir nun ein zweites Mal. Wir nehmen zu den Ähnlichkeitsabbildungen die Achsenaffinitäten hinzu und erhalten die Gruppe der Affinitätsabbildungen. Dabei werden wir uns auf einen Ausblick beschränken.

4.1 Achsenaffinitäten

Achsenaffinitäten kann man als Verallgemeinerungen von Achsenspiegelungen auffassen. Eine Achsenaffinität ist durch eine **Affinitätsachse** g, einen **Affinitätswinkel** α und ein **Affinitätsverhältnis** $k \neq 0$ festgelegt.

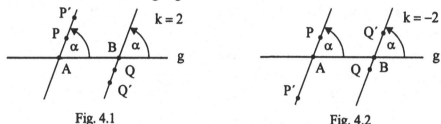

Fig. 4.1   Fig. 4.2

Alle Punkte der Achse g werden auf sich selbst abgebildet. Ist $k > 0$, so liegen der Punkt P und sein Bildpunkt P′ auf derselben Seite von g (Fig. 4.1). Die Gerade PP′ schließt mit g den orientierten Affinitätswinkel α ein, und es ist $\overline{AP'}:\overline{AP} = k$. Ist $k < 0$, so liegen P und P′ auf verschiedenen Seiten von g, und es ist $\overline{AP'}:\overline{AP} = |k|$ (Fig. 4.2). Im Falle $\alpha = 90°$ und $k = -1$ liegt eine Achsenspiegelung vor. Die wichtigsten Eigenschaften einer Achsenaffinität sind:

- Jede Gerade, welche die Achse g unter dem Winkel α schneidet, wird auf sich abgebildet. Dies folgt direkt aus der Abbildungsvorschrift.
- Geraden werden auf Geraden abgebildet.

Um dies zu zeigen nehmen wir an, dass die Gerade h die Achse g in S schneidet und dass

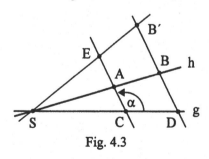

Fig. 4.3

$k > 0$ ist (Fig. 4.3). (Wegen des Falles g parallel zu h siehe Üb. 4.2.) B sei ein Punkt auf h, und B′ sei das Bild von B. Wir werden nun zeigen, dass das Bild jedes weiteren Punktes A von h auf der Geraden SB′ liegt. Die Parallele zu BD durch A schneidet die Gerade SB′ in E. Nach dem zweiten Strahlensatz ist $\overline{SD}:\overline{SC} = \overline{DB}:\overline{CA}$ sowie $\overline{SD}:\overline{SC} = \overline{DB'}:\overline{CE}$. Damit erhalten wir

$\overline{DB'}:\overline{CE} = \overline{DB}:\overline{CA}$ bzw. $\overline{CE}:\overline{CA} = \overline{DB'}:\overline{DB} = k$, d.h., E ist das Bild von A. Zudem hat sich ergeben:

- Eine Gerade, die nicht zur Achse g parallel ist, schneidet ihre Bildgerade auf g.

In Kap. 3 (S. 98, 99) hatten wir den Zusammenhang zwischen der Zentralprojektion zweier Ebenen und den zentrischen Streckungen aufgezeigt. Die Achsenaffinitäten hängen in ähnlicher Weise mit Parallelprojektionen zweier Ebenen zusammen. Die Fig. 4.4 zeigt die Parallelprojektion eines Dreiecks in der Originalebene O auf ein Dreieck in der Bildebene B.

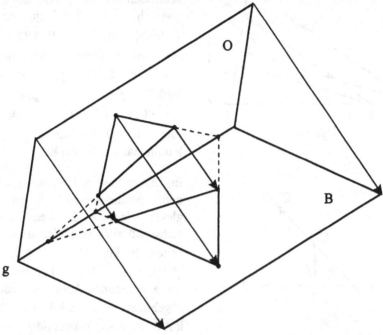

Fig. 4.4

Die Verbindungsgeraden entsprechender Punkte nennt man auch Affinitätsstrahlen. Sie sind zueinander parallel. Die Verbindungsgeraden zweier Punkte bzw. ihrer Bildpunkte schneiden sich auf der Affinitätsachse g.

Klappt man nun die Originalebene O um die Achse g in die Bildebene B, so ergibt sich in dieser Ebene folgende Situation.

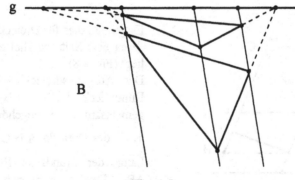

Fig. 4.5

Das Bilddreieck geht durch eine Achsenaffinität aus dem Originaldreieck hervor.

- Parallele Geraden haben parallele Bildgeraden.

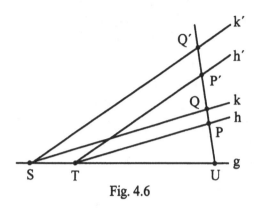

Fig. 4.6

Wir betrachten den Fall, dass die zueinander parallelen Geraden h und k die Affinitätsachse g in den Punkten T und S schneiden (Fig. 4.6). Aus der Parallelität von h und k folgt nach dem 1. Strahlensatz $\overline{UP} : \overline{UQ} = \overline{UT} : \overline{US}$. Nach der Erklärung der Achsenaffinität ist $\overline{UP'} : \overline{UP} = \overline{UQ'} : \overline{UQ}$. Aus diesen beiden Verhältnisgleichungen ergibt sich direkt $\overline{UP'} : \overline{UQ'} = \overline{UT} : \overline{US}$. Aus der Umkehrung des 1. Strahlensatzes folgt die Parallelität von h' und k'.

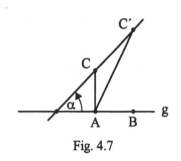

Fig. 4.7

Im Unterschied zu Kongruenzabbildungen und Ähnlichkeitsabbildungen können gleich lange Strecken bei einer Achsenaffinität verschieden lange Bilder haben. In Fig. 4.7 sind $\overline{AB}$ und $\overline{AC}$ gleich lang. $\overline{AB}$ wird bei der durch g, α und k gegebenen Achsenaffinität auf sich abgebildet. $\overline{AC}$ wird auf $\overline{AC'}$ mit $l(\overline{AC'}) > l(\overline{AC})$ abgebildet.

Indessen gilt:

- Das Teilverhältnis dreier Punkte auf einer Geraden bleibt bei einer Achsenaffinität unverändert.

Dies folgt unmittelbar aus Fig. 4.3 und dem ersten Strahlensatz. Ferner gilt:

- Der Flächeninhalt eines Vielecks vervielfacht sich bei einer Achsenaffinität um das k-fache.

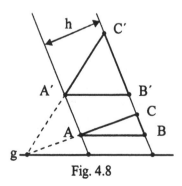

Fig. 4.8

Es genügt, dies für Dreiecke nachzuweisen, deren eine Seite parallel zur Affinrichtung liegt (Fig. 4.8).
Das Ausgangsdreieck ABC und dessen Bilddreieck A'B'C' haben die Höhe h gemeinsam. Die zugehörige Grundseite $\overline{B'C'}$ des Dreiecks A'B'C' hat die k-fache Länge der Grundseite $\overline{BC}$ des Dreiecks ABC. Daraus ergibt sich unmittelbar die Behauptung.

Übung 4.1: Zeigen Sie, dass auch im Fall k < 0 eine Gerade h, welche die Achse g in einem Punkt S schneidet, auf eine Gerade durch S abgebildet wird.

Übung 4.2: Zeigen Sie, dass eine Gerade h, welche zur Achse g parallel ist, auf eine Parallele zu h abgebildet wird.

Übung 4.3: Gegeben seien eine Achsenaffinität mit Achse g, $\alpha = 60°$ und k = 2 sowie ein Dreieck ABC, dessen Seiten g nicht schneiden. Konstruieren Sie das Bilddreieck.

Beispiel 4.1: Achsenaffinitäten benutzt man beim Zeichnen der Schrägbilder von Körpern. Fig. 4.9 zeigt die rechteckige Grundfläche eines Quaders. Dieses Rechteck wird mittels einer Achsenaffinität abgebildet (Fig. 4.10). Als Affinitätsachse g verwendet man die Trägergerade der vorderen Kante. Als Affinitätsverhältnis nimmt man zumeist k = 1/2 und als Affinitätswinkel $\alpha = 45°$. Die zur Achse g parallelen Strecken werden auf gleich lange Strecken abgebildet. Schließlich ergänzt man zum Schrägbild des Quaders, wobei dessen Höhe in wahrer Länge gezeichnet wird (Fig. 4.11).

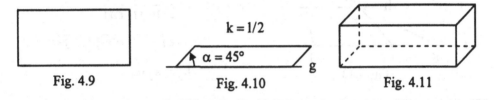

Fig. 4.9   Fig. 4.10   Fig. 4.11

Beispiel 4.2: Fig. 4.12 zeigt das Bild eines Kreises bei einer Achsenaffinität mit Achse g, Affinitätswinkel $\alpha = 90°$ und k = 2/3. Der Punkt A bleibt fest. Die Bildpunkte B′ und C′ von B und C liegen auf Senkrechten zu g. Das Bild des Kreises ist eine **Ellipse**. Sie gehört zu den Kegelschnitten, welche bereits von MENAICHMOS (ca. 360 v. Chr.) eingehend untersucht wurden.

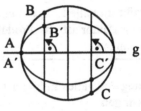

Fig. 4.12

Man spricht in diesem Fall einer senkrechten Achsenaffinität von einer Stauchung. Ist bei einer senkrechten Achsenaffinität k > 1, so liegt eine Dehnung vor.

Übung 4.4: Zeigen Sie, dass der Kreis in Fig. 4.12 aus der Ellipse durch eine Dehnung hervorgeht. Bestimmen Sie das zugehörige Affinitätsverhältnis k.

Übung 4.5: Zeichnen Sie ein Dreieck ABC, welches die Affinitätsachse g nicht schneidet. Konstruieren Sie das Bild des Dreiecks bei einer Achsenaffinität mit Affinitätsverhältnis k = –1. Erläutern Sie, warum man solche Achsenaffinitäten auch als Schrägspiegelungen bezeichnet.

4.2   Verketten von Achsenaffinitäten

Wir gehen von zwei Achsenaffinitäten mit gemeinsamer Affinitätsachse g aus (Fig. 4.13).
Der Punkt P wird durch die erste Achsenaffinität auf P′ und anschließend durch die zweite auf P″ abgebildet.

Die Affinitätsrichtung der ersten Abbildung sei durch die Gerade durch die Punkte S auf
g und P gegeben. Der zugehörige Affinitätsfaktor sei k_1. Die Affinitätsrichtung der zweiten Abbildung sei entsprechend durch U auf g und P′ gegeben. k_2 sei der entsprechende
Affinitätsfaktor. Wir nehmen zunächst an, dass $k_1 \cdot k_2 \neq 1$ ist. h ist die Parallele zu g
durch P. Sie schneidet die Gerade UP′ in Q.

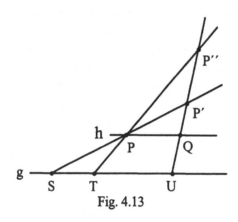

Fig. 4.13

Mit $k_1 = \overline{P'S} : \overline{PS} = \overline{P'U} : \overline{QU}$ und

$$k_2 = \overline{P''U} : \overline{P'U}$$

folgt für den Affinitätsfaktor k_3 der zusammengesetzten Abbildung

$$k_3 = \overline{P''T} : \overline{PT}$$
$$= \overline{P''U} : \overline{QU}$$
$$= \left(\overline{P''U} : \overline{P'U}\right) \cdot \left(\overline{P'U} : \overline{QU}\right)$$
$$k_3 = k_2 \cdot k_1$$

Satz 4.1: Die Verkettung zweier Achsenaffinitäten mit gemeinsamer Affinitätsachse
ergibt im Falle $k_1 \cdot k_2 \neq 1$ eine Achsenaffinität mit der gleichen Achse. Deren Affinitätsfaktor ist das Produkt der Affinitätsfaktoren der beiden verketteten Abbildungen.

Zur Klärung des Falles $k_1 \cdot k_2 = 1$ benötigen wir einen weiteren Typ affiner Abbildungen,
die **Scherungen**.

Eine Scherung ist durch eine **Scherungsachse** g und einen **Scherungswinkel** α gegeben.

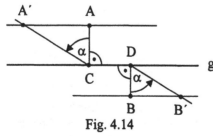

Fig. 4.14

Jeder Punkt der Achse wird auf sich abgebildet. Das Bild des Punktes A in Fig. 4.14
konstruiert man folgendermaßen: Man
zeichnet durch A die Parallele zu g und die
Senkrechte zu g. Die Senkrechte schneidet
g in C. An AC wird in C der Scherungswinkel α abgetragen. Der Schnittpunkt des
zweiten Schenkels von α mit der Parallelen
zu g ist das Bild A′ von A. Die Konstruktion des Bildpunktes B′ von B verläuft völlig
analog.

Übung 4.6: Die Fig. 4.15 zeigt, wie das Parallelogramm ABCD mit Hilfe einer Achsenaffinität auf ein Quadrat abgebildet wird. Die Gerade AB dient dabei als Affinitätsachse.

Erläutern Sie die Konstruktion des Quadrates. Für das Problem, das Parallelogramm auf ein Quadrat abzubilden, gibt es bei gleicher Affinitätsachse AB eine weitere Lösung. Konstruieren Sie dieses Quadrat.

Bilden Sie auf analoge Weise ein Parallelogramm auf ein Quadrat ab, indem Sie die Diagonale des Parallelogramms als Affinitätsachse wählen. Auch in diesem Fall gibt es zwei Lösungen.

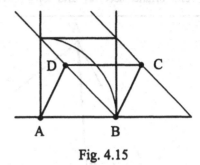

Fig. 4.15

Übung 4.7: Führt man zwei Achsenaffinitäten mit gleicher Affinitätsachse und gleichem Affinitätswinkel hintereinander aus, so erhält man eine Achsenaffinität der gleichen Art. Erläutern Sie dies anhand eines Beispiels.

Zeigen Sie, dass diese Abbildungen eine Gruppe bilden.

Übung 4.8: Zeigen Sie anhand von Fig. 4.16, dass jede Scherung durch die Verkettung zweier Achsenaffinitäten gewonnen werden kann.

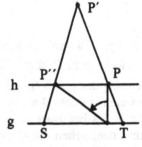

Fig. 4.16

Die folgende Eigenschaft kommt sowohl Achsenaffinitäten als auch Scherungen zu:

- Strecken, die zur Achse parallel sind, werden auf gleich lange Strecken abgebildet (Fig. 4.17).

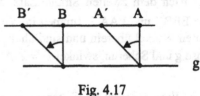

Fig. 4.17

Übung 4.9: Fig. 4.18 zeigt ein regelmäßiges Sechseck. Konstruieren Sie das Bild des Sechsecks bei einer Scherung mit Scherungswinkel 40° und Scherungsachse g bzw. h.

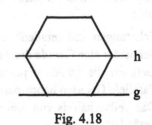

Fig. 4.18

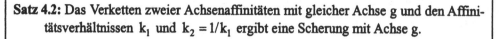

Satz 4.2: Das Verketten zweier Achsenaffinitäten mit gleicher Achse g und den Affinitätsverhältnissen k_1 und $k_2 = 1/k_1$ ergibt eine Scherung mit Achse g.

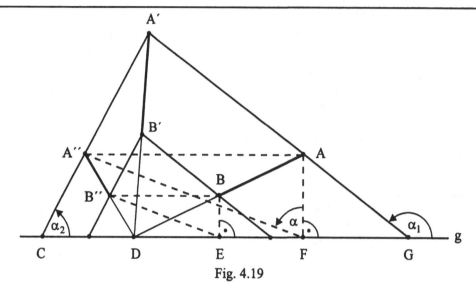

Fig. 4.19

Beweis: In Fig. 4.19 wird der Punkt A durch die erste Achsenaffinität auf A′ und danach durch die zweite auf A″ abgebildet. Aus $k_2 = 1/k_1$ folgt $\overline{GA'}:\overline{GA} = \overline{CA'}:\overline{CA''}$. Nach der Umkehrung des ersten Strahlensatzes sind die Geraden AA″ und g parallel. Bilden wir einen weiteren Punkt B ab, so liegen aus dem gleichen Grund B und B″ auf einer Parallelen zu g. Da bei einer Achsenaffinität Urbildgerade und Bildgerade sich auf der Achse schneiden, gehen die Geraden AB, A′B′ und A″B″ durch einen Punkt von g, durch D. Nun fällen wir von A und B die Lote auf g und erhalten die Punkte E und F. Nach dem ersten Strahlensatz gilt nun $\overline{DF}:\overline{DE} = \overline{DA}:\overline{DB} = \overline{DA''}:\overline{DB''}$, und daraus folgt nach dem zweiten Strahlensatz $\overline{AF}:\overline{BE} = \overline{AA''}:\overline{BB''}$. Die rechtwinkligen Dreiecke EBB″ und FAA″ stimmen im Verhältnis zweier Seiten und dem eingeschlossenen rechten Winkel überein und sind ähnlich. A und B werden durch dieselbe Scherung mit Achse g und Scherungswinkel $\alpha = \angle A''FA$ auf A″ bzw. B″ abgebildet. ∎

Einige Eigenschaften der Scherungen ergeben sich damit unmittelbar aus denen der Achsenaffinität:

- Scherungen sind geradentreu und streckentreu.
- Schneidet eine Gerade die Achse g in S, so geht auch ihre Bildgerade durch S.
- Geraden, die zur Achse parallel sind, sind Fixgeraden.
- Parallele Geraden haben parallele Bildgeraden.
- Das Teilverhältnis von drei Punkten einer Geraden bleibt bei einer Scherung unverändert.

Übung 4.10: Die Fig. 4.20 zeigt die Abbildung eines Punktes P durch eine Scherung mit Scherungswinkel α und Achse g auf den Punkt P′. Durch eine anschließende Achsenaffinität mit gleicher Achse g wird P′ auf den Punkt P″ abgebildet. Zeigen Sie, dass diese Verkettung eine Achsenaffinität ergibt.

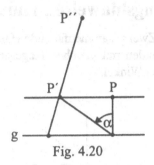

Fig. 4.20

Im Unterschied zu den Achsenaffinitäten gilt für Scherungen:

- Der Flächeninhalt von Vielecken ist bei einer Scherung invariant.

Da jedes Vieleck in Dreiecke zerlegbar ist, brauchen wir dies nur für Dreiecke zu zeigen. Für ein Dreieck ABC, dessen Grundseite parallel zur Achse g ist, folgt dies unmittelbar, weil die Dreiecke ABC und A′B′C′ gleich lange Grundseiten bzw. Höhen haben (Fig. 4.21). Andere Dreiecke sind in derartige Dreiecke zerlegbar (Fig. 4.22).

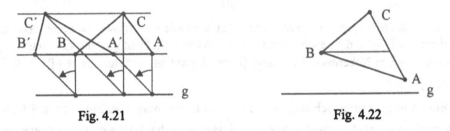

Fig. 4.21   Fig. 4.22

Beispiel 4.3: Eine der bekanntesten Anwendungen dieser Flächeninhaltsinvarianz ist eine Begründung des Kathetensatzes nach EUKLID. In Fig. 4.23 wird das Quadrat über der Kathete durch eine Scherung auf ein flächeninhaltsgleiche Parallelogramm abgebildet. Dieses Parallelogramm wird um seine linke untere Ecke im Uhrzeigersinn um 90° gedreht. Dieses Parallelogramm wird schließlich durch eine Scherung in das flächeninhaltsgleiche Rechteck über dem entsprechenden Hypotenusenabschnitt überführt.

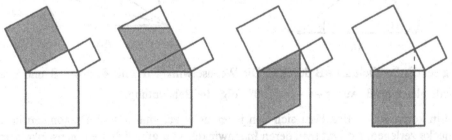

Fig. 4.23

Lösungshinweise zu ausgewählten Übungen

Ü 1.3: Zwei zusammenfallende Halbgeraden bilden einen Nullwinkel. Zwei verschiedene Halbgeraden mit gleicher Trägergeraden und gleichem Anfangspunkt bilden einen gestreckten Winkel.

Ü 1.5:

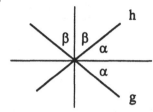

Die Faltlinien halbieren die Winkel zwischen g und h. Wegen $2\alpha + 2\beta = 180°$ und $\alpha + \beta = 90°$ sind sie zueinander senkrecht. Eine ausführliche Behandlung der Eigenschaften von Winkelhalbierenden erfolgt in Abschnitt 2.1 S. 22 ff.

Ü 1.6:

 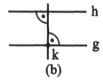 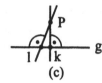

(a) (b) (c)

(a) Wenn sich die Geraden senkrecht schneiden, sind alle vier Winkel zwischen den Geraden gleich groß (90°), d.h., auch jedes Paar von Nebenwinkeln ist gleich groß. Wenn umgekehrt ein Paar von Nebenwinkeln α und β gleich groß ist, so folgt aus $\alpha + \beta = 180°$ direkt $\alpha = \beta = 90°$.

(b) Diese Aussage ergibt sich unmittelbar aus den Erläuterungen zu Fig. 1.15 und 1.16.

(c) Wir gehen indirekt vor und nehmen an, dass es zu g durch P zwei verschiedene Senkrechte k und l gibt. Nach (b) ist k parallel zu l im Widerspruch zur Existenz des Schnittpunktes P.

Ü 1.8:

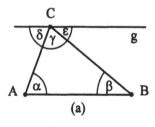 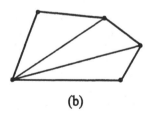

(a) (b)

(a) g sei die Parallele zu AB durch C. Die Wechselwinkel α und δ sowie β und ε sind jeweils gleich groß. Aus $\varepsilon + \gamma + \delta = 180°$ folgt die Behauptung.

(b) Ein konvexes n - Eck lässt sich von jeder Ecke aus durch n - 3 Diagonalen in n - 2 Dreiecke zerlegen. Addiert man deren Innenwinkel, so ergibt sich die Innenwinkelsumme des n - Ecks.

Ü 2.2: Wir nehmen an, dass die Winkel $\angle$ DAC und $\angle$ DBC gleich groß sind. w sei die Winkelhalbierende des Winkels $\angle$ ACB. Dann sind die Winkel $\angle$ ACD und $\angle$ BCD gleich groß. Nach dem Winkelsummensatz sind folglich auch die Winkel $\angle$ ADC und $\angle$ BDC gleich groß, sie sind rechte Winkel. Bei der Spiegelung an w wird AC auf BC

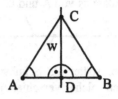

abgebildet, AB auf sich selbst. Schließlich ist $\overline{AC}$ das Bild von $\overline{BC}$, und daraus folgt die Behauptung.

Ü 2.3: P sei von den Schenkeln des Winkels $\angle$ ASB gleich weit entfernt, d.h. $l(\overline{AP}) = l(\overline{BP})$. Das Dreieck APB ist demnach gleichschenklig und hat gleich große Basiswinkel $\angle$ PAB und $\angle$ PBA. Da $\angle$ PAS und $\angle$ PBS rechte Winkel sind, sind $\angle$ BAS und $\angle$ ABS gleich groß. Damit ist nach Ü 2.2 das Dreieck BSA gleichschenklig. Die Begründung dafür, dass PS die Winkelhal-

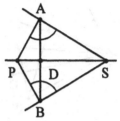

bierende von $\angle$ ASB ist, erfolgt völlig analog dem zweiten Teil der Begründung von Satz 2.3.

Ü 2.5: Gegeben sei das Dreieck ABC mit den Symmetrieachsen g und h. Bei der Spiegelung an g wird $\overline{AC}$ auf $\overline{BC}$ abgebildet, und es ist $l(\overline{AC}) = l(\overline{BC})$. Genauso folgt mittels der Spiegelung an h, dass $l(\overline{AC}) = l(\overline{AB})$. Damit ist $l(\overline{BC}) = $

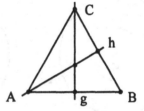

$l(\overline{AB})$. Nach Satz 2.2 ist die Winkelhalbierende des Winkels $\angle$ ABC die dritte Symmetrieachse des Dreiecks ABC.

Ü 2.14: (1) Die Deckabbildungen umfassen die Verschiebungen parallel zu g um Vielfache des Abstandes der Punkte A und B sowie die Identität.

(2) Hier handelt es sich um die in (1) genannten Verschiebungen sowie die Spiegelungen an den zu g senkrechten Geraden durch A, B, den Mittelpunkt M von $\overline{AB}$ usw. Ferner gehören die Verkettungen solcher Verschiebungen und Spiegelungen zu den Deckabbildungen.

(3) Hier kommt zu den Verschiebungen die Spiegelung an g hinzu. Die Verkettung dieser Spiegelung mit einer Verschiebung ist ebenfalls eine Deckabbildung.

(1)
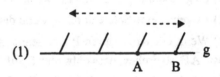

(2)
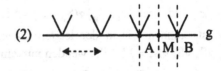

(3)
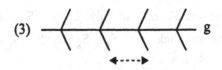

(4) In diesem Fall sind die Deckabbildungen die Verschiebungen längs g um ganze Vielfache des Abstandes von A und C. Hinzu kommen Abbildungen, die sich aus der Spiegelung

(4)

an g und einer Verschiebung parallel zu g um ungeradzahlige Vielfache des Abstandes von A und B zusammensetzen. Wir werden solche Abbildungen später als Schubspiegelungen kennenlernen. Schließlich gehören auch die Verkettungen solcher Verschiebungen und Schubspiegelungen zu den Deckabbildungen.

Ü 2.20:

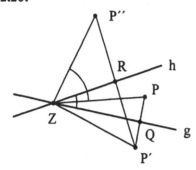

P wird erst an g gespiegelt (P′) und dann an h (P″). In jedem der drei Fälle in Fig. 2.73 ist $\angle PZP'' = 2 \cdot \angle g,h$ zu zeigen. Wir behandeln nur den Fall, dass P wie P_2 zwischen g und h liegt. In diesem Falle ist

$$\angle PZP'' = \angle P'ZP'' - \angle P'ZP =$$
$$2 \cdot \angle P'ZR - 2 \cdot \angle P'ZQ =$$
$$2 \cdot (\angle P'ZR - \angle P'ZQ) =$$
$$2 \angle g,h.$$

Ü 2.21:

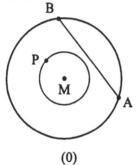

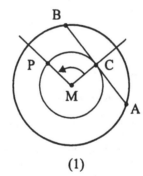

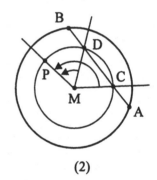

       (0)   (1)   (2)

(0) Es gibt keine Sehne durch P, wenn der Kreis um M durch P $\overline{AB}$ nicht schneidet.

(1) Es genau eine Sehne durch P, wenn der Kreis durch P $\overline{AB}$ berührt.

(2) Wenn der Kreis durch P die Sehne $\overline{AB}$ in zwei Punkten C und D schneidet, kann man $\overline{AB}$ so drehen, dass entweder C auf P fällt oder D auf P fällt.

Ü 2.23: Die Punktspiegelung $P_Z = S_h \circ S_g$ ist eine involutorische Abbildung. Dann gilt $P_Z \circ P_Z = Id$ oder $(S_h \circ S_g) \circ (S_h \circ S_g) = Id$. Weil das Verketten von Abbildungen assoziativ ist, können wir in der letzten Gleichung die Klammern weglassen und erhalten $S_h \circ S_g \circ S_h \circ S_g = Id$. Wir wenden nun einen in der Abbildungsgeometrie üblichen Trick an und verknüpfen beide Seiten von links mit S_h. Es ist $S_h \circ S_h \circ S_g \circ S_h \circ S_g = S_h \circ Id$, und mit $S_h \circ S_h = Id$ folgt $S_g \circ S_h \circ S_g = S_h$. Um rechts $S_g \circ S_h$ zu erhalten, verknüpfen wir von links mit S_g: $S_g \circ S_g \circ S_h \circ S_g = S_g \circ S_h$. Wegen $S_g \circ S_g = Id$ ist schließlich $S_h \circ S_g = S_g \circ S_h$.

Ü 2.24: g und h seien parallele Geraden. A und B seien Punkte auf g bzw. h. M sei der Mittelpunkt von $\overline{AB}$. Wir haben zu zeigen, dass M auf der Mittelparallelen m von g und h liegt. Bei der Punktspiegelung an M werden A und B sowie g und h aufeinander abgebildet. Das Lot l zu g und h durch M wird auf sich selbst abgebildet. Der Schnittpunkt D von g und l wird auf den Schnittpunkt C der Bildgeraden h und l abgebildet. Daher ist $l(\overline{MC}) = l(\overline{MD})$, d.h., M liegt auf der Mittelparallelen m von g und h.

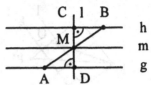

Ü 2.25: In Fig. 2.88 ist das Viereck $AM_cM_aM_b$ ein Parallelogramm mit gleich langen Gegenseiten. Da M_c die Seite $\overline{AB}$ halbiert, ist $l(\overline{AB}) = 2 \cdot l(\overline{M_aM_b})$ usw.

Ü 2.27:

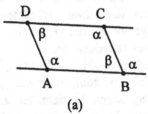

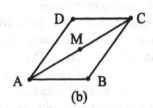

(a) (b)

(a) ABCD sei ein Viereck mit paarweise gleich großen Gegenwinkeln α und β. Da die Summe der Innenwinkel 360° beträgt, ist $\alpha + \beta = 180°$. Demnach liegen bei B und C gleich große Wechselwinkel vor. Daraus folgt, dass AB und CD parallel sind. Analog folgt die Parallelität von AD und BC.

(b) Wir gehen von einem Viereck ABCD mit den gleich langen und parallelen Seiten $\overline{AB}$ und $\overline{CD}$ aus und zeigen, dass es punktsymmetrisch ist. Nach Folgerung 2.4 (S.40) ist das Viereck dann ein Parallelogramm.
Bei der Spiegelung am Mittelpunkt M der Diagonalen $\overline{AC}$ werden A und C sowie die Geraden AB und CD aufeinander abgebildet. Wegen der Längentreue der Punktspiegelung und wegen $l(\overline{AB}) = l(\overline{CD})$ werden auch B und D aufeinander abgebildet. Das Viereck ist punktsymmetrisch, d.h. ein Parallelogramm.

Ü 2.34: Wir stellen die Schubspiegelung als Verkettung von drei Achsenspiegelungen dar $S_k \circ S_h \circ S_g$. Deren Umkehrabbildung ist $S_g \circ S_h \circ S_k$. Da Spiegelungen an zueinander senkrechten Achsen vertauschbar sind, ist $S_g \circ S_h \circ S_k = S_g \circ S_k \circ S_h = S_k \circ S_g \circ S_h$, und damit ist auch die Umkehrabbildung eine Schubspiegelung.

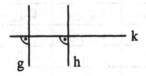

Ü 2.36 Der Punkt P wird zuerst nach Q verschoben. Wir spiegeln Q an g und erhalten das Bild P′ von P bei der Schubspiegelung $S_g \circ V_{PQ}$. Nun verschieben wir den von P verschie-

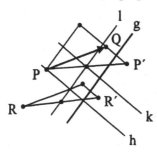

denen Punkt R, spiegeln an g und erhalten R′. Die Spiegelungsachse l der Schubspiegelung $S_g \circ V_{PQ}$ geht durch die Mittelpunkte der Strecken $\overline{PP'}$ und $\overline{RR'}$. Die zu l senkrechten Achsen h durch P und k durch den Mittelpunkt von $\overline{PP'}$ stellen die zur Schubspiegelung $S_g \circ V_{PQ}$ gehörende Verschiebung dar.

Ü 2.49: Jede Kongruenzabbildung lässt sich als Verkettung einer endlichen Anzahl von Achsenspiegelungen darstellen.

1. Die Anzahl ist gerade. Im Falle von zwei Spiegelungen ist nichts zu zeigen. Vier verkettete Achsenspiegelungen lassen sich nach dem Vorigen stets durch zwei verkettete Achsenspiegelungen ersetzen. Auf diese Weise lässt sich jede gerade Anzahl verketteter Achsenspiegelungen auf die Verkettung von zwei Achsenspiegelungen reduzieren.

2. Die Anzahl ist ungerade. Die Verkettung einer ungeraden Anzahl von Achsenspiegelungen zerlegen wir auf Grund des Assoziativgesetzes in eine Verkettung einer einzigen Achsenspiegelung mit einer geraden Anzahl von Achsenspiegelungen. Letztere lässt sich stets auf die Verkettung von zwei Achsenspiegelungen reduzieren. Insgesamt sind also höchstens drei Achsenspiegelungen zu verketten.

Ü 2.51:

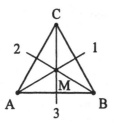

Die Deckabbildungen des gleichseitigen Dreiecks umfassen die Drehungen $D_{M,0°}$, $D_{M,120°}$ und $D_{M,240°}$ um M und die Spiegelungen S_1, S_2 und S_3 an den Achsen 1, 2 und 3. Die Nulldrehung ist die Identität.

Aus der folgenden Gruppentafel erkennt man, dass das Hintereinanderausführen der Deckabbildungen nicht kommutativ ist. Die erste Abbildung steht in der Eingangsspalte, die zweite Abbildung in der Eingangszeile.

$\circ$	Id	$D_{M,120°}$	$D_{M,240°}$	S_1	S_2	S_3
Id	Id	$D_{M,120°}$	$D_{M,240°}$	S_1	S_2	S_3
$D_{M,120°}$	$D_{M,120°}$	$D_{M,240°}$	Id	S_2	S_3	S_1
$D_{M,240°}$	$D_{M,240°}$	Id	$D_{M,120°}$	S_3	S_1	S_2
S_1	S_1	S_3	S_2	Id	$D_{M,240°}$	$D_{M,120°}$
S_2	S_2	S_1	S_3	$D_{M,120°}$	Id	$D_{M,240°}$
S_3	S_3	S_2	S_1	$D_{M,240°}$	$D_{M,120°}$	Id

Ü 2.52: Wir gehen von drei Figuren F_1, F_2 und F_3 mit $F_1 \equiv F_2$ und $F_2 \equiv F_3$ aus. Es gibt dann eine Kongruenzabbildung Φ, die F_1 auf F_2 abbildet, und eine Kongruenzabbildung Ψ, die F_2 auf F_3 abbildet. $\Psi \circ \Phi$ ist eine Kongruenzabbildung, die F_1 auf F_3 abbildet, d.h. $F_1 \equiv F_3$.

Ü 2.53: (a) Wir wählen auf den Halbgeraden g_A und h_B jeweils einen Punkt C bzw. D, die von A bzw. B gleich weit entfernt sind.

Nach Satz 2.19 gibt es eine Kongruenzabbildung, welche A auf B und C auf D abbildet. Dieselbe Kongruenzabbildung bildet g_A auf h_B ab, d.h., es ist $g_A \equiv h_B$.

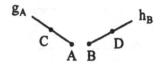

(b) Wenn zwei Winkel kongruent sind, so sind sie wegen der Winkelmaßtreue von Kongruenzabbildungen gleich groß.

Umgekehrt seien zwei gleich große Winkel $\angle g_A, h_A$ und $\angle k_B, l_B$ gegeben. Nach dem Vorigen gibt es eine Kongruenzabbildung, welche g_A auf k_B abbildet. Wegen der Winkel- und Winkelmaßtreue von Kongruenzabbildungen fällt h_A entweder mit l_B oder dessen Spiegelbild an der Trägergeraden k von k_B zusammen, d.h. $\angle g_A, h_A \equiv \angle k_B, l_B$.

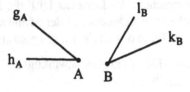

Ü 2.55: Wir gehen von der in Fig. 2.145 dargestellten Situation aus und setzen $\alpha \equiv \alpha'$, $c \equiv c'$ und $\beta \equiv \beta'$ voraus. Daraus folgt $\alpha' \equiv \alpha^*$, $c' \equiv c^*$ und $\beta' \equiv \beta^*$. Wegen der Winkel- und Winkelmaßtreue der Spiegelung an A'B' werden die Geraden A'C* und A'C' sowie die Geraden B'C* und B'C' jeweils aufeinander abgebildet. Der Schnittpunkt C* von B'C* und A'C* wird auf den Schnittpunkt der Bildgeraden B'C' und A'C' abgebildet, d.h. auf C'.

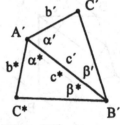

Ü 2.57: (a) Wir haben im wesentlichen nur die Kongruenz der Dreiecke $M_b M_a C$ und $EM_a B$ nachzuweisen. Da M_a die Strecke $\overline{BC}$ halbiert, ist $\overline{CM_a} \equiv \overline{BM_a}$. AC ist parallel zu BE. Folglich ist $\angle M_b CM_a \equiv \angle M_a BE$. Die Winkel $\angle M_b M_a C$ und $\angle BM_a E$ sind kongruente Scheitelwinkel. Nach dem Kongruenzsatz (WSW) folgt die Behauptung.

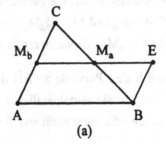

(a)

Die Kongruenz der beiden Dreiecke $M_b M_a C$ und $EM_a B$ folgt auch direkt mittels einer Punktspiegelung an M_a. Bei dieser Spiegelung werden B und C aufeinander abgebildet. Da M_a auch auf der Mittelparallelen von AC und BE liegt, gilt dasselbe für die Punkte E und M_b.

(b) Die Zerlegungsgleichheit des Trapezes und des Rechtecks wird analog dem Vorigen nachgewiesen.

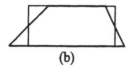   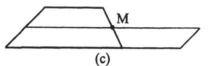

(b)   (c)

(c) Das Parallelogramm besteht aus der unteren Hälfte des Trapezes und der an M gespiegelten oberen Hälfte des Trapezes.

Ü 2.63: (a) Man spiegelt das stumpfwinklige Dreieck ABC an den Mittelpunkten der drei Seiten und erhält das Dreieck DEF wie in Fig. 2.185. Auch in diesem Falle sind die Mittelsenkrechten des Dreiecks DEF die Höhen des Dreiecks ABC. Der Nachweis des Satzes über den Schnittpunkt der Mittelsenkrechten (Satz 2.25, S.82) ist völlig unabhängig von der Form des Dreiecks, gilt also auch hier.

(b) Die Höhen eines rechtwinkligen Dreiecks schneiden sich im Scheitel des rechten Innenwinkels.

Ü 2.64:

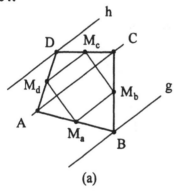   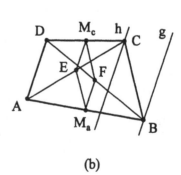

(a)   (b)

(a) Wir zeichnen zu AC die Parallelen g und h durch B und D. Dann ist $M_a M_b$ die Mittelparallele zu g und AC. $M_d M_c$ ist die Mittelparallele zu AC und h. Folglich ist $M_a M_b$ parallel zu $M_d M_c$. Genau so ergibt sich die Parallelität von $M_a M_d$ und $M_b M_c$.

(b) g und h sind Parallele zu AD durch B und C. EM_c ist die Mittelparallele zu AD und h. FM_a ist die Mittelparallele zu AD und g. Demnach sind EM_c und FM_a parallel. Genauso folgt die Parallelität von EM_a und FM_c.

Ü 2.67:

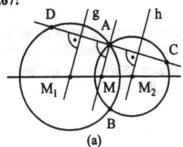

(a)

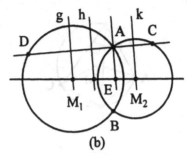

(b)

(a) Wir zeichnen durch M_1 und M_2 die Parallelen g und h zu AM. g und h sind jeweils Symmetrieachsen der Kreise. Sie halbieren die Sehnen $\overline{AD}$ und $\overline{AC}$. AM ist die Mittelparallele von g und h. Daraus folgt unmittelbar, dass $\overline{AD}$ und $\overline{AC}$ gleich lang sind.

(b) Hier wird $\overline{M_1M_2}$ in drei gleich lange Abschnitte geteilt. CD ist die Senkrechte zu AE durch A. g, h und k sind gleichabständige Parallelen zu AE. AE ist dann $\overline{AD}$ doppelt so lang wie $\overline{AC}$.

Ü 2.68:

h sei die Parallele zu g = CD durch A. M_1M_2 ist die Mittelparallele von g und h. Da A und B spiegelbildlich zu M_1M_2 liegen, gehört B zu CD.

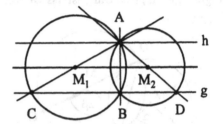

Ü 2.69: Im Parallelogramm ABCD halbieren sich die Diagonalen in M. BM und AM_b teilen sich als Seitenhalbierende des Dreiecks ABC im Verhältnis 2 : 1. Das Analoge gilt für das zu ABC kongruente Dreieck CDA. Daraus folgt unmittelbar die Behauptung.

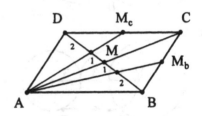

Ü 2.70:

Die vier Dreiecke BCM, CDM, DAM und ABM sind gleichschenklig und haben jeweils gleich große Basiswinkel. Daraus folgt $\alpha + \beta + \gamma + \delta = 180°$. Dies ist gerade die Summe zweier gegenüberliegender Winkel.

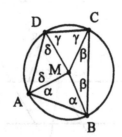

Ü 2.73: Zu den gleich langen Sehnen gehören gleich große Mittelpunktswinkel, und dazu gehören kongruente, halb so große Umfangswinkel.

Ü 2.74:

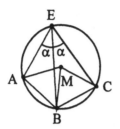

Die Dreiecke ABM und BCM haben bei M gleich große Innenwinkel 2α. Nach dem Kongruenzsatz (SWS) sind sie kongruent, d.h. $\overline{AB} \equiv \overline{BC}$.

Ü 2.75:

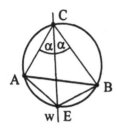

Nach der vorhergehenden Übung 2.74 ist $\overline{AE} \equiv \overline{BE}$. Die Lage von E ist somit unabhängig von der Lage von C auf dem Kreisbogen zwischen A und B.

Ü 2.76: Die Winkel $\angle ACB$ und $\angle ADB$ sind Umfangswinkel über der Sehne $\overline{AB}$ und folglich gleich groß. Dann ist das Dreieck CBD gleichschenklig.

Ü 2.77:

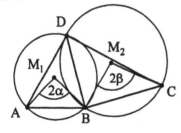

Man konstruiert mit Hilfe der bekannten Mittelpunktswinkel 2α und 2β die Mittelpunkte M_1 und M_2 der Kreise durch A und B sowie durch B und C. Der gesuchte Standort D ist der zweite Schnittpunkt der Kreise. Die Aufgabe hat keine Lösung, wenn A, B, C und D auf einem Kreis liegen.

Ü 2.78:

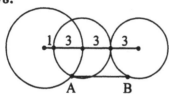

Die nebenstehende Skizze zeigt die Konstruktion der Seite $\overline{AB}$ des gesuchten Rechtecks.

Ü 2.79:

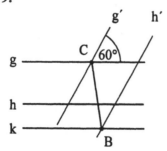

Man legt auf g einen Punkt C fest und dreht g und h um C um 60°. B ist der Schnittpunkt von k und h'. Mit $\overline{BC}$ ist das gesuchte gleichseitige Dreieck konstruierbar.

Ü 2.80: Wir spiegeln den Kreis um M_2 an A und erhalten den Kreis um M_2'. Der Schnittpunkt des gespiegelten Kreises mit dem Kreis um M_1 ist der gesuchte Punkt D.

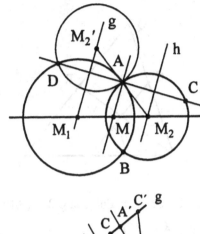

Der Zusammenhang mit der Lösung von Ü 2.67 besteht darin, dass M_2' gerade der Schnittpunkt von g und $A\,M_2$ ist.

Ü 3.2: Man konstruiert mit Hilfe von A und A′ zuerst das Bild B′ eines Hilfspunktes B, welcher nicht auf g liegt, und wendet dann dieselbe Konstruktion auf B, B′ und C an.

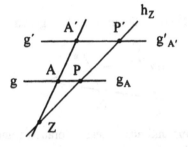

Ü 3.3: Wir gehen von einer Streckung $S_{Z,k}$ mit $k > 0$ und einer Halbgeraden g_A mit

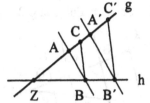

der Trägergeraden g aus. g wird auf die zu ihr parallele Gerade g′ abgebildet. Der Anfangspunkt A von g_A wird auf A′ abgebildet. Das Bild P′ eines anderen Punktes P von g_A liegt auf g′ und in derselben Halbebene bezüglich ZA wie P, d.h. auf einer gleich gerichteten Halbgeraden $g'_{A'}$. Der Fall $k < 0$ wird völlig analog behandelt.

Ü 3.5: Dies leistet die zentrische Streckung am Schnittpunkt der Seitenhalbierenden des Dreiecks ABC mit dem Faktor $k = -0,5$.

Ü 3.6: Wir gehen aus vom Winkel $\angle g_Z, h_Z$ und dem Punkt P im Inneren des Winkels.

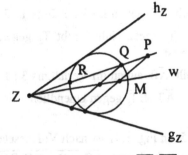

w sei die Winkelhalbierende des Winkels. Wir konstruieren einen Kreis, der die beiden Schenkel des Winkels berührt. Sein Mittelpunkt liegt auf w. Der Schnittpunkt des Kreises mit der Geraden ZP ist Q. Schließlich strecken wir den Kreis von Z aus mit dem Faktor $k = \overline{ZP} : \overline{ZQ}$ und erhalten den gesuchten Kreis durch P mit Mittelpunkt M.

Die zweite Lösung ergibt sich, wenn wir den Kreis mit dem Faktor $k = \overline{ZP} : \overline{ZR}$ von Z aus strecken.

Ü 3.7:

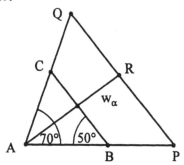

Wir zeichnen ein Dreieck ABC mit $\alpha = 70°$ und $\beta = 50°$. Dann zeichnen wir die Winkelhalbierende $w_\alpha = 4\,\text{cm}$. Schließlich strecken wir das Dreieck ABC von A aus, bis das Bild von $\overline{BC}$ durch den Endpunkt R von w_α geht.

Ü 3.8: Es ist nach Folgerung 3.1 (S.103) $\overline{AB}:\overline{CD} = \overline{ZB}:\overline{ZD}$ und $\overline{PQ}:\overline{RS} = \overline{ZQ}:\overline{ZS}$.

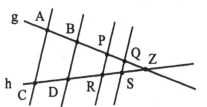

Nach dem ersten Strahlensatz (S.102) ist $\overline{ZB}:\overline{ZD} = \overline{ZQ}:\overline{ZS}$. Daraus folgt direkt $\overline{AB}:\overline{CD} = \overline{PQ}:\overline{RS}$. Die weiteren Fälle hinsichtlich der Lage der Parallelen bezüglich Z werden genau so behandelt.

Ü 3.11: In diesem Falle gehen wir indirekt vor. Wir nehmen an, dass $\overline{ZA}:\overline{ZB} = \overline{AA^*}:\overline{BB^*}$ und dass Z, A* und

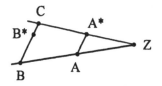

B* nicht auf einer Geraden liegen. B* möge nicht auf ZA* liegen. Für den Schnittpunkt C von BB* und ZA* gilt nach dem zweiten Strahlensatz (S.102) $\overline{ZA}:\overline{ZB} = \overline{AA^*}:\overline{BC}$.

Daraus und aus unserer Voraussetzung folgt $B^* = C$, d.h. $B^* \in ZA^*$ im Widerspruch zur Annahme.

Ü 3.13: T_1 teilt $\overline{AB}$ außen im Verhältnis 3 : 7. Bewegt sich T_1 auf A zu, so strebt das Teilverhältnis $\overline{AT_1}:\overline{BT_1}$ gegen Null.

T_2 teilt $\overline{AB}$ innen im Verhältnis 1 : 3. Strebt T_2 gegen A, so strebt das Teilverhältnis $\overline{AT_2}:\overline{BT_2}$ gegen Null. Strebt T_2 gegen B, so strebt das Teilverhältnis $\overline{AT_2}:\overline{BT_2}$ gegen Unendlich.

T_3 teilt $\overline{AB}$ außen im Verhältnis 3 : 1. Bewegt sich T_3 auf B zu, so strebt das Teilverhältnis $\overline{AT_3}:\overline{BT_3}$ gegen Unendlich.

Ü 3.15: In Fig. 3.31 ist nach Voraussetzung $\overline{CA} : \overline{CB} = \overline{DA} : \overline{DB}$. Daraus folgt nach einfacher Rechnung $\overline{AC}:\overline{AD} = \overline{BC}:\overline{BD}$.

Ü 3.17: Die Geraden A_1A_2, B_1B_2 und C_1C_2 sind parallel. Ferner sind entsprechende Seiten der Dreiecke $A_1B_1C_1$ und $A_2B_2C_2$ parallel. Da bei Parallelogrammen gegenüberliegende Seiten gleich lang sind, ist $\overline{A_1A_2} \equiv \overline{B_1B_2} \equiv \overline{C_1C_2}$. Die eindeutig bestimmte Verschiebung, die A_1 auf A_2 abbildet, ist die gesuchte Abbildung.

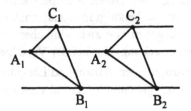

Ü 3.18: (a) Die Verbindungsgeraden entsprechender Ecken der beiden Dreiecke gehen durch einen Punkt Z (Fig. 3.40, S.110). Wir setzen voraus, dass A_1B_1 und A_2B_2 sowie A_1C_1 und A_2C_2 parallel sind. Nach dem ersten Strahlensatz (S.102) ist $\overline{ZB_1} : \overline{ZB_2} = \overline{ZA_1} : \overline{ZA} = \overline{ZC_1} : \overline{ZC_2}$. Mit der Umkehrung des ersten Strahlensatzes (Satz 3.5, S.104) folgt die Parallelität von B_1C_1 und B_2C_2.

(b) Sind die Verbindungsgeraden A_1A_2, B_1B_2 und C_1C_2 entsprechender Ecken der beiden Dreiecke parallel, so haben wir die oben in Übung 3.17 dargestellte Situation mit den parallelen Geraden A_1B_1 und A_2B_2 sowie A_1C_1 und A_2C_2. Wie vorhin ist $\overline{A_1A_2} \equiv \overline{B_1B_2} \equiv \overline{C_1C_2}$, d.h., im Viereck $B_1B_2C_2C_1$ sind die gegenüberliegenden Seiten B_1B_2 und C_1C_2 gleich lang und parallel. Das Viereck ist ein Parallelogramm, d.h., auch B_1C_1 und B_2C_2 sind parallel.

Ü 3.22: Bei der Streckung wird jedes Dreieck $A_1B_1C_1$ auf ein Dreieck $A_2B_2C_2$ abgebildet. Entsprechende Seiten beider Dreiecke sind parallel und wegen $k \neq 1$ nicht kongruent. Die anschließende Verschiebung bildet das Dreieck $A_2B_2C_2$ auf ein Dreieck $A_3B_3C_3$ ab. Entsprechende Seiten beider Dreiecke sind parallel und kongruent. Insgesamt wird das Dreieck $A_1B_1C_1$ auf ein Dreieck $A_3B_3C_3$ mit entsprechenden parallelen, aber nicht kongruenten Seiten abgebildet. Nach Satz 3.10 (S.110) ist diese Abbildung eine zentrische Streckung. Bei umgekehrter Reihenfolge der Abbildungen verläuft die Begründung ganz genau so.

Ü 3.23: Nach Satz 3.11 (S.112) und der vorangegangenen Übung 3.22 ist die Menge dieser Abbildungen bezüglich des Verkettens abgeschlossen. Das Verketten von Abbildungen ist zudem assoziativ. Als neutrales Element dient die Nullverschiebung oder die Streckung mit dem Faktor $k = 1$. Zu jeder Verschiebung gibt es eine inverse Verschiebung und zu jeder Streckung eine inverse Streckung. Damit sind alle Gruppenaxiome erfüllt.

Ü 3.24: Drehungen, Achsenspiegelungen und zentrische Streckungen sind umkehrbare Abbildungen. Folglich sind auch deren Verkettungen umkehrbar. Die Umkehrabbildung zu $S_{Z,k} \circ D_{Z,\alpha}$ ist $D_{Z,360°-\alpha} \circ S_{Z,1/k}$, die zu $S_{Z,k} \circ S_g$ ist $S_g \circ S_{Z,1/k}$.

Ü 3.26: (a) Zwei ähnliche Dreiecke mit gleichem Umlaufsinn können stets durch eine Drehung eines Dreiecks in perspektive Lage gebracht werden. Ist der Umlaufsinn verschieden, so benötigt man zusätzlich eine Achsenspiegelung dieses Dreiecks.

(b) Wir gehen von zwei ähnlichen Dreiecken in perspektiver Lage aus. Bei der zentrischen Streckung oder bei der Verschiebung, durch welche $A_1B_1C_1$ auf $A_2B_2C_2$ abgebildet wird, bleiben Winkel und Längenverhältnisse von Strecken unverändert. Das Bild der Höhe h_{c_1} geht durch C_2 und steht senkrecht auf c_2, entspricht also h_{c_2} usw.

Ü 3.28 / Satz 3.17: Die Voraussetzungen sind $a^* = a_2$, $c^* = c_2$, $a_2 > c_2$ und $\alpha^* \equiv \alpha_2$. Nach dem Kongruenzsatz (SSW$_g$) sind die Dreiecke $A_1B^*C^*$ und $A_2B_2C_2$ kongruent. Diese Voraussetzungen sind aber gleichbedeutend mit $a_2{:}a_1 = k$, $c_2{:}c_1 = k$, $a_2 > c_2$ und $\alpha_1 \equiv \alpha_2$.

Ü 3.28 / Satz 3.18: In diesem Fall ist $\alpha^* \equiv \alpha_1$, $\beta^* \equiv \beta_1$, $\gamma^* \equiv \gamma_1$ und $c^* = c_2$. Die Dreiecke $A_1B^*C^*$ und $A_2B_2C_2$ sind dann nach dem Kongruenzsatz (WSW) kongruent.

Ü 3.29: (a) Zwei gleichschenklige Dreiecke sind einander ähnlich, wenn sie
-      in einem Basiswinkel übereinstimmen,
-      in dem Winkel übereinstimmen, den die gleich langen Schenkel einschließen,
-      im Verhältnis eines Schenkels und der Basis übereinstimmen.

(b) Zwei rechtwinklige Dreiecke sind einander ähnlich, wenn sie
-      neben dem rechten Winkel in einem weiteren Winkel übereinstimmen,
-      im Verhältnis der Katheten übereinstimmen,
-      im Verhältnis einer Kathete und der Hypotenuse übereinstimmen.

Ü 3.32:

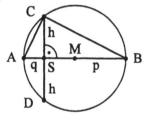

Der Durchmesser des Thaleskreises über $\overline{AB}$ halbiert die Sehne $\overline{CD}$ und steht senkrecht auf ihr. Nach dem Halbsehnensatz (S.124) ist $\overline{SC}^2 = \overline{SA} \cdot \overline{SB}$ oder $h^2 = q \cdot p$.

Ü 3.33:

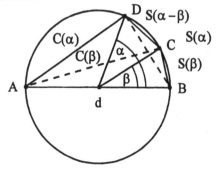

Nach dem Diagonalensatz 3.22 (S.126) gilt für das Viereck ABCD mit den Diagonalen $\overline{AC}$ und $\overline{BD}$:

$$S(\alpha) \cdot C(\beta) = d \cdot S(\alpha - \beta) + S(\beta) \cdot C(\alpha)$$
$$d \cdot S(\alpha - \beta) = S(\alpha) \cdot C(\beta) - S(\beta) \cdot C(\alpha)$$

Die Formel für $d \cdot C(\alpha - \beta)$ erhält man analog, man hat zusätzlich $d^2 = S^2(\beta) + C^2(\beta)$ zu beachten.

Ü 4.6: Um den Mittelpunkt M des Parallelogramms ABCD wird ein Kreisbogen mit dem Radius $\overline{MA}$ geschlagen. Dieser schneidet die Mittelsenkrechte von $\overline{AC}$ in D′. Der Schnittpunkt der Geraden AC und DD′ sowie die Punkte D und D′ legen die gesuchte Achsenaffinität fest.

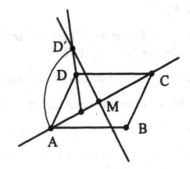

Ü 4.10: Die Scherung sei durch die Achse g und den Winkel α gegeben. Die anschließende Achsenaffinität sei durch die Achse g, den Winkel β und das Affinitätsverhältnis k bestimmt.

Der Punkt P wird durch die Scherung auf den Punkt P′ und dieser durch die Achsenaffinität auf P″ abgebildet. Wir betrachten nun die Achsenaffinität, die P auf P″ abbildet und behaupten, dass sie das Ergebnis der Verkettung von Scherung und Achsenaffinität ist. Sie ist durch die drei Punkte V, P und P″ festgelegt. Zu zeigen ist, dass jeder weitere Punkt Q durch diese Achsenaffinität auf den entsprechenden Punkt Q″ abgebildet wird.

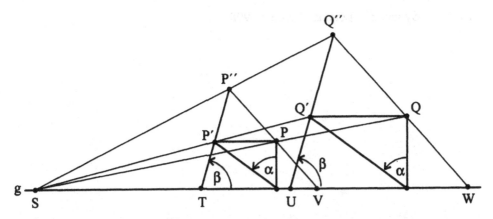

Zunächst schneiden sich die Gerade PQ und deren Bildgerade P′Q′ bei der Scherung im Punkt S der Achse g. Die Bildgerade P″Q″ der Geraden P′Q′ bei der gegebenen Achsenaffinität schneiden sich ebenfalls in S. Daraus folgt $\overline{Q''S} : \overline{P''S} = \overline{Q'S} : \overline{P'S} = \overline{QS} : \overline{PS}$ und nach der Umkehrung des ersten Strahlensatzes sind die Geraden PP″ und QQ″ parallel. Schließlich ist $\overline{P''V} : \overline{PV} = \overline{Q''W} : \overline{QW}$.

Literatur

EUKLID: Die Elemente. Übersetzt und herausgegeben von C Thaer. 8. Aufl. Braunschweig: Vieweg 1991.

GERICKE, H.: Mathematik in Antike und Orient. 3. Aufl. Wiesbaden: Fourier 1994.

GÖTHNER, P.: Elemente der Algebra. Leipzig: Teubner 1997.

HILBERT, D.: Grundlagen der Geometrie. 13. Aufl. Stuttgart: Teubner 1987.

HOLLAND, G.: Geometrie für Lehrer und Studenten. Band 1; Band 2. Hannover: Schroedel 1974; 1977.

LEHMANN, I,; SCHULZ, W.: Mengen, Relationen, Funktionen. Leipzig: Teubner, 1997

MITSCHKA, A.; STREHL, R.: Einführung in die Geometrie. Freiburg: Herder 1975.

POLYA, G.: Schule des Denkens. Bern: Francke 1949.

SPEISER, A.: Die Theorie der Gruppen von endlicher Ordnung. 5. Aufl. Basel: Birkhäuser 1980.

SCHUPP, H.: Abbildungsgeometrie. 4. Aufl. Weinheim: Beltz 1974.

WALSER, H.: Symmetrie. Leipzig: Teubner 1998.

Namen- und Sachverzeichnis

Teubner Lehrbücher: einfach clever

Eberhard Zeidler (Hrsg.)

Teubner-Taschenbuch der Mathematik

2., durchges. Aufl. 2003. XXVI, 1298 S. Geb.
€ 34,90   ISBN 3-519-20012-0

Formeln und Tabellen - Elementarmathematik - Mathematik auf dem Computer - Differential- und Integralrechnung - Vektoranalysis - Gewöhnliche Differentialgleichungen - Partielle Differentialgleichungen - Integraltransformationen - Komplexe Funktionentheorie - Algebra und Zahlentheorie - Analytische und algebraische Geometrie - Differentialgeometrie - Mathematische Logik und Mengentheorie - Variationsrechnung und Optimierung - Wahrscheinlichkeitsrechnung und Statistik - Numerik und Wissenschaftliches Rechnen - Geschichte der Mathematik

Grosche/Ziegler/Zeidler/ Ziegler (Hrsg.)

Teubner-Taschenbuch der Mathematik. Teil II

8., durchges. Aufl. 2003. XVI, 830 S. Geb.
€ 44,90   ISBN 3-519-21008-8

Mathematik und Informatik - Operations Research - Höhere Analysis - Lineare Funktionalanalysis und ihre Anwendungen - Nichtlineare Funktionalanalysis und ihre Anwendungen - Dynamische Systeme, Mathematik der Zeit - Nichtlineare partielle Differentialgleichungen in den Naturwissenschaften - Mannigfaltigkeiten - Riemannsche Geometrie und allgemeine Relativitätstheorie - Liegruppen, Liealgebren und Elementarteilchen, Mathematik der Symmetrie - Topologie - Krümmung, Topologie und Analysis

Stand Juli 2005.
Änderungen vorbehalten.
Erhältlich im Buchhandel
oder beim Verlag.

B. G. Teubner Verlag
Abraham-Lincoln-Straße 46
65189 Wiesbaden
Fax 0611.7878-400
Teubner www.teubner.de